U0607675

Ann Jin

金小安 著

生活的勇气

成年人的 **28** 个 崩溃瞬间

中国出版集团 现代出版社

生活的勇气
The Courage to Live

近一两年，我们的生活发生了很大的变化。突然袭来的新冠病毒改变了很多人的生活常态，本来计划好的旅行取消了，做着好好的工作变得看不到前景，谈着一半的恋爱也无所适从。不少人和我说，感觉自己站在命运的十字路口，凛冽的风在背后吹，迈不出步子，不知道往哪里走。

其实最让人难过的，并不是突如其来的天灾人祸，而是每天堆积起来的崩溃与试图掩藏的塌陷，还有不切实际地期盼之后，彻头彻尾的绝望。我不止一次收到过这样的留言："我到底怎么了？""以后，还会好吗？""我感觉，走不下去了。"……

蓦然袭来的压力，又不全然是因为压力。前段时间，我看到这样一句话，很有感触："这个世界一直在教我们成功与卓越，却没有人告诉我们如何接受平庸。"

　　这本书里我想和你说的，就是在你负重前行的这个十字路口，在你迷茫困惑，在你焦虑不堪，在你绝望至极时，深呼吸的那一口勇气和如何去走未来的路。

　　生活从不是容易的，这是一个需要不断克服困难的过程。而困难恰巧就是跌宕的本身，一波未平一波又起。

　　去年我第一次入境隔离的时候，我妈给我买了一箱橙子。我打开盒子用手捏了捏，一个个硬得要命。剥开厚厚的橙皮，偶有橙肉嵌在指甲缝里，水灵得要命，就像我们刚大学毕业，准备步入社会摩拳擦掌时候的样子。

　　时隔一周多，计算好时间，当我准备消灭剩余的橙子时，发现橙皮变薄了。它们失去了一开始的水分，香气也没有那么浓郁了。

　　就好像此刻的我们，感觉疲沓干瘪，没有生气。

　　但其实呢，等剥开橙子的那一刻，跃然于眼前的依然是果粒鲜艳、朝气蓬勃的样子。这正是我希望阅读这本书后，看到的你们。

　　脱下这层干瘪不堪、浊气十足的外衣，露出鲜活、有力量和自信的自己。

还记得吗？

《我们说好不走散》里的那句——人生苦短，甜长。

而这口甜，来自你。

写给此刻迷茫无望，

无法前行的你。

愿你带着勇气，

乘风破浪，

尽情绽放。

我最大的优点

为什么我会把这个题目，放在整本书的开篇呢？你也许会有这样的疑问。这不是一本针对生活问题的解答之书吗？关我的优点什么事？

　　我们从小到大受的教育，总是以保持谦虚为主：你得随时发现自己的缺点，及时改正，才能更好地进步。你得有个谦逊的态度，不要张扬自傲。

　　剧作家和著名小说家威廉·毛姆曾说过，真正了解一个人是很难的，男人和女人，不仅仅是因为他们自身的性别差异，他们出生的地方、蹒跚学步的那个城市公寓或乡村农场、他们喜好的食物、他们小时候接触过的游戏、他们上过的学校、他们热衷参加的运动、他们读过的诗、他们崇拜过的事情……这一切造就了他们。

　　我对这个观点深以为然，相信每个人都是一个独一无二的个体。也正是因为如此，在这本书的开篇，我想说，行走在这个未来充满变数的社会，你最需要知道的，就是自己的长处与优点，尽全力利用和发扬它，然后再审视自己的缺点与不足。自检的过程固然至关重要，但是如果你只是停滞在修正的阶段，无法对自己充满信心，那同样，也无法进步。

我在一家国际学校实习的时候，曾给小学三年级的学生们布置过这样的作业：说出你最优秀的性格特征以及你的不足。

学生们交作业的时候，我收到很多可爱又有趣的答案。三年级的学生，大多不会说出我们成年人的词汇，用的最高档的词，大概也就是"诚实"一类的了。反而长得高、跑得快、吃得多、眼睫毛长、爱吃糖、睡觉多……都是一些值得自豪的、"我的"优点。

再看看缺点的部分，似乎也没有那么不可救药：晚上不睡觉偷偷干别的、爱看电视、不爱学习、打了弟弟、偷用了口红、把鼻涕蹭到墙上……

看回我们成年人，这些曾经纯真可爱，被视为优点的部分，大概有一多半演变成缺点了吧？成年人的世界，优点被架得很高：坚强、诚实、耐心、善解人意、善良、大方、淳朴、执着、孝顺、有责任感、有公德心……缺点呢，也可以毫无压力地写个满屏。

那么请此刻正在看这本书的你，暂停阅读，想想你最大的优点是什么。

我想了想自己的，是善良、充满好奇、坚韧。

关于善良

几年前有部电影叫作《奇迹男孩》(*Wonder*)，讲的是一个有先天残疾的小男孩。他似乎意识不到周遭的人对他丑陋外貌的介意，一直很想交朋友。具体的情节在这里不剧透了，目的是分享电影里的一句话："当正确和善良之间需要你做出选择的时候，永远选择善良。"

当时我听到这句话深受触动，于是这便成了我的人生信条之一。在这一生的漫漫长路中，我们会遇到各式各样的人，经历天翻地覆的变化。善良，则是我们最需要具备的品德。

善良不是愚蠢，不是容忍别人踩着你往上。而是在很多时候，你明明已经预见了保持善良的结果未必是快乐的，也未必会被众人认可。但你依然选择带给他人一份温暖。

这也许会改变对方的一生，也许什么都不会改变。但这会让你的心保持剔透，在漆黑的夜里，散发着熠熠的光。

关于对未来人生的好奇感

在这本书的中后部分，我会谈及当今人们的生活态度。我知道快节奏的生活压力让很多人陷入了"追逐"的闭环：我们不停地奔跑，去追逐我们想要的一切，以至忘记了初衷，也把自己拖得疲惫不堪。我们用追逐所获得的东西，拼命去消解这份疲惫，之后又开始强迫似的冲上跑道……

曾经提出著名的"需求五层次"理论的心理学家马斯洛，也同样在人际管理的方面提出过"假设感"的概念：假设关系中没有上下级的分别、假设每个人都在正常的心理承受值范围内……他的理论后来被纳入招聘调查中，应聘者们则须脑洞大开地回答。

结果证明，那些对生活有疑问、有要求、充满好奇心的人，在面试的时候被录取的概率竟然要高出一倍。为什么呢？

人们都曾见到过苹果从树上落下，但为什么只有牛顿发现了万有引力和三大运动定律？人们每天在使用光与电的同时，却没人能想到，为什么只有爱因斯坦的光量子假说，超越发现了光电效应的德国物理学家赫兹曾提出的理论，并解释了光电效应。为什么大家都毕业于同一所院校，有的人能一举成功、有的人却一败涂地？

因为除去天赋、努力和运气之外，更有对人生充满好奇的"挖掘机"，它不是对问题的源头提出质问，而是充满了生活问号的小气泡，就像《飞屋环游记》里的气球那样。因好奇而探索，因探索而找到更多可能性，也同时把你带到更远的地方。

关于坚韧

　　我想把"坚韧"拆解成两重意思：首先是"坚持"，其次是"有韧劲"。

　　总有人说，在这个年代，坚持是个很罕见的能力，因为几乎没有人能做到。我不完全同意这个观点。很多时候，我们把"坚持"想得太过宏观，好像是一定要完成人生中一个宏大的目标，如果完不成就认为自己是一个没有恒心的人。

　　坚持可以是一种习惯，它不一定能成就丰功伟绩，哪怕只是小小的一个行为、一段时期的念想。坚持更可以是一个阶段又一个阶段养成的习惯，比如：21天读书养成计划、30天晨练、28天早睡挑战等。让坚持充满趣味性，也很重要。

　　而"有韧劲"应该与近些年很流行的 resilience 挂上关系。直接翻译就是"有弹性的"，我个人觉得有韧劲更独到一些。这是一种什么能力呢？

　　∨　是一种能够接受挫折的能力

　　一般人会自我安慰"一切都会好起来"，或者只接受生活里甜的部分，而有韧劲的人会选择直面问题与挫折的本身，并且接受现状。

∨　是一种具备"调解"生活的能力

接受现状之后，就要像一个钢琴调音师一样，看看需要在哪个部分进行调整，才能把不准的音色调至悦耳。具备调节 / 调解的能力，无论在处理人际关系上还是在面对生活挫折时都至关重要。

∨　是一种给自我提问的能力

每做出一个决定的时候，先问问自己——我这样做是否对达成目标有帮助？我此刻的情绪，能让我好起来还是每况愈下？这种能力能让你的生活目标变得清晰起来的同时，自我状态也随之改善。

你的身上，一定也具备更闪耀独特的优点，它们是什么呢？欢迎你与我分享。

坚持可以是一种习惯，它不一定能成就丰功伟绩，
哪怕只是小小的一个行为、一段时期的念想。

来世，
你是做人还是做猫？

最近出现很多让人痛心不已的社会新闻：某某高校学生轻生，某某家庭因为投资失败丈夫自杀、妻子带着孩子卧轨，等等。

我记得很多年前，第一次去北海道，刚刚买好 JR 票准备上车的时候，车站的广播台通知因为有人跳轨，所以下一班的车会延迟。当时那个新札幌站的灯光也不算亮堂，在那个气氛的烘托下，年纪尚小的我被吓呆了。广播说的也不是英文，我是用翻译软件勉强转译过来的，并四处观望了一下身边的人，没有任何一个人的脸上显露出跟我一样的惊讶和恐惧。

几年以后，读了太宰治的小说并泛泛地了解了一些日本文学，我才深深地感受到了那些新闻里说的"低欲时代"年轻人的状态：对生活，深深地失望。

因为身边也有过一些因为经历了挫折对生活丧失信心的朋友，我曾经有段时间拼命地看 self help 一类的书籍去寻找答案。

某日下午，我坐在露天的咖啡厅，阳光非常刺眼地晒到了我的书上，就在我伸手掏太阳镜的时候，不小心碰倒了咖啡杯。就在那一瞬间，我火速扶住了杯子，才没让半杯没有喝完的冰镇冷萃突发性地泼在我的电脑上。

我经历过几次把饮料洒在了电脑上的情况，每次都导致了重重的麻烦，弄得整个人焦虑不堪。这一次接住了咖啡杯之后，我急促的心还停留在那一场小惊吓中，我的手依然紧紧地握着杯子，此时太阳已经照在了我的电脑屏幕和书本的背面——自救，Self Help。

我突然开朗了。

这里面的关键是什么，是自己。其他人看再多的书，再想去开导你，都只能帮助你一星半点，因为这不是你主动想要的，没有源自你内心的内驱力。在前一瞬间，如果我没能及时地伸出手抓稳杯子，那么后面将要面临的事情，也同样需要我自己去面对。

于是，我抓起电话打给了前一天晚上和我聊到午夜，在电话另一端声嘶力竭痛哭的朋友。我告诉他，这一切，都需要他自己走出。但显然，我个人的开解与疏导没能帮到他，他在电话的那一头，十分淡然冷漠地说了一句："下辈子，还是做猫吧。"

也不知道是不是看太宰治的作品看多了，我一下想起了那句"生而为人，我很抱歉"。还有前些日子在网上看到的新闻，那个在实验室结束自己 25 岁生命的研究生在遗书中写道："让我下辈子变成某间猫咖里的一只猫吧。"

我再次陷入了"挽救未果的旋涡"，久久不能自拔。

如果，此时此刻的你，也是对生活失去了信心，觉得万分难过，想自暴自弃的话。请你继续听我说下去。

再来讲一个故事。我有个从小一起长大的朋友，那时候他在我眼里一直是一个纨绔子弟，每周换着不同款的限量版乔丹篮球鞋，很少吃学校食堂，总是喊大家出去开小灶。他早早地恋爱，去追求隔壁班的女生，毫不顾忌学校规矩，买首饰当众送给女孩子。

后来我出国上学，大家慢慢地少了联系。"非典"的时候，听说他家里的外贸事业受了重创，他父亲因此欠下许多债务，房子和公司的货船都抵押了还是不够，于是父亲跑到黎巴嫩、伊朗开中餐厅。而我的这个朋友在澳大利亚被迫退学，连房租都交不起。

家庭变故发生的时候，他还不到 20 岁。前几年，我在北京见到他，他已经是一家企业的高管。他结了婚，还有两个可爱的宝宝。我非常惊诧于他的成熟与变化，寒暄之余他也聊了些这些年他的经历与体会：

他睡过公园里的躺椅，瑟缩到清晨被醉酒的流浪汉赶走。

他吃过麦当劳里陌生人剩下没有被收走的薯条。

他本来就不多的积蓄，被当时的同居女友取出，然后这个"此生挚爱的女人"电话关机，人消失。

他的家曾经是洋房、有地库，客厅的鱼缸甚至比公园的硬板凳都长，还有一条当年很流行养的银龙鱼。

他回到北京的第一年，和妈妈住在居民楼小区的地下室。

我忍不住问他："你这些年是怎么过来的？"

他的一句话，让我双眸瞬间浸湿，充满了力量。他说："不怕你笑话，我就是觉得，总会有翻身的希望。不能比这再差了。"

对，"不能比这再差了"。这听起来好像并不是一句鼓舞人心的话，但是在你人生低迷到谷底的节点，这样告诉自己吧。

相较之那些因为挫折而一败涂地，人生一盘散沙的人来说，那些受到重创之后爬起来的人们，他们拥有的，就是来自自己的希望。

一切皆有可能的希望

这个希望，并不是给未来画下的美丽蓝图，而是告诉自己，我们身处井底。而外面，就是更广博的世界，更多的可能在等待着我们。

此刻要做的，不是安慰自己一句虚无的"一切都会好起来的"，然后再次环顾周遭，又一次被现实压垮就地躺下。而是知道一切不会好起来，想想下一步我该怎么办。

谷底的选择

看看此刻，你具备什么选择？

不要把选择无限放大，架得太高太远。把它们拆分出来，越小越好，越细致越好。

找不到工作是吧？你的简历准备好了吗？有没有英文版的CV①？有没有练习过面试技巧？考虑过自己的长处和短处是什么吗？你身边有什么有限资源，可以帮到你的？

不要着急说"我没有，我做不到"。作为一个成年人，我相信多多少少你都会有自己的资源。这里的资源并不仅限于人际关系，比如你打字快，或者你体能好，甚至对孩子有耐心，等等，这些属于你的，都可以称为你的资源。

将资源整合、重组，排列出不同的选项，让它们成为你身处谷底时的多项选择。

---

① CV：Curriculum Vitae，履历，一种详细总结工作经历的方式，在欧洲广泛应用，在美国的学术机构、教育部门、科研行业的求职者也需提供这种履历。

做猫也好，但你先把此刻活好

也许你会说，我现在就是很失望，我什么都不想做。你想下辈子做猫的话，这是你对下辈子的期望与选择，但是毕竟下辈子还没有到来，此刻，你要看看怎么把这辈子活完。

我们依然肩负着需要调整的生活。首先，关注一下你的生理与心理健康：

- 你是否保持着良好的睡眠？
- 你是否能够做到健康饮食？
- 你有没有持续性的运动习惯？
- 你是否会长时间地使用电子产品？
- 你有没有产生对药物或者酒精的依赖？

如果暂时想不到做些什么能改善现在的窘境，那么第一步就是先改善自己的健康。唯有保持健康的体魄，未来的路上我们才能有更多的力气去环顾四周，看到生活赐予你的美好。

成年人的崩溃，
崩就崩吧

我不知道你有没有看过这样一类标题的文章，什么"成年人的崩溃，只在一瞬间""成年人的崩溃，要藏起来""成年的世界，要学会隐藏和克制"……

微信在今年年初公布了一组令人匪夷所思的数据："每天有10.9亿人打开微信，有7.8亿的人刷朋友圈，却只有1.2亿人发朋友圈。"有许多人说，微信更多的是一种沟通工具，人们不愿意那些仅仅是工作关系的陌生人，了解自己的生活。与此同时，也有人提出疑问：我们的生活，是有多么不堪入目，以致害怕被人了解？

也有不同的声音说，很多人的朋友圈，已全然不是真实的自己，是打造后的"人设展览"。还有人厌倦了这种需要努力经营的人设，也就不想再分享什么了。

成年人的世界，不能摔东西，不可以破口大骂，不允许歇斯底里，简直是死路一条。收敛才是成熟的标志。在电影《海边的曼彻斯特》里，曾经有这样一段话："有时关不上冰箱的门，脚趾撞到了桌腿，临出门找不到想要的东西，突然忍不住掉泪，你觉得小题大做，只有我自己知道为什么。"村上春树也写过那句许多人认同不已的话："你要做一个不动声色的大人了。不准情绪化，不准偷偷想念，不准回头看。"

我也看过好多公众号分享的成年人突然在街上号啕大哭的视频片段——顶着世界负重前行的人们，的确很不容易。

2020年年底的时候，北京有个被流调的男子引起了热议：人到中年的他，行动轨迹无非就是考研、通勤、蜗居、带娃、出差……染上"新冠"。

更是有人写了这样一段让人看得心酸的话：

"世人慌慌张张，不过图的是碎银几两——偏偏这碎银几两，能解世间千万惆怅；这几两碎银，可让父母安康，可护幼子成长。但这碎银几两，也断了儿时念想，让少年染上沧桑，压弯了脊梁。"

人生从来不是容易的。我今天在这里，想要告诉你的就是，当你身负重担，感觉压弯了脊梁的时候，在某个瞬间因为某件小事鼻梁发酸的时候，崩就崩啊，崩完了天又不会塌下来，该重来的重新来就好了。

别用自暴自弃的方式来自救

我接触过一些生活中遇到挫折的朋友，他们会选择用过度饮酒的方式麻醉自己或者因为负面情绪无的放矢，有时候甚至会产生一些对自己的情绪虐待或者是对伴侣和孩子的情绪转嫁。

在都市生活中，让我们感到压力大的事情不外乎工资少、干活累、无法升职、竞争严重、孩子的成长及教育、父母逐渐年迈、健康问题，以及和伴侣相处得不和谐等。这些问题偏偏又不会单一地出现，很多时候都是这边已经塌陷，那边噩耗就传来。

我有个朋友就是这样，正处在工作的焦虑阶段，想辞职又找不到合适的地方，不辞职很显然公司在挤他走，又传来了父亲患癌的噩耗。这时候的他，感到天都塌了，开始一味地逃避现实，在公司没有交代地早退，也没有及时去照顾父亲，反而每晚喝得酩酊大醉，让家人担心不已。

要知道，我们无论采取怎样的方式去逃避，都只会让自己更加痛苦，完全不会帮助你解决现状。我们也许一时找不到好的方法去处理身边的一团乱麻，但是可以肯定的是，你用酒精麻醉自己，只会将情况变得更糟糕。

所以不如像捋线头一样开始，先从简单的着手。在能力范围之内的，先去解决。例如家人患病这类突如其来的事件当然要放在首位，先寻求专业领域的建议及分析。安顿妥当之后，再来考虑自己的就业环境。

学会在负重前行的同时，找到伙伴

即便一个人的时候再倍感孤单，作为成年人走来的这一路，你从来不是一个人。对，你觉得在这个偌大的城市，找不到一个可以说话的人；你觉得周遭的人不能理解你；你感受不到他人的善意与关心。有时候，我们会把自己绕在一个逆流循环里，无法自拔地认为：我就是一无是处，我帮不了他人，也没有人会帮我。

你有家人、有朋友，也许还有亲密关系的伴侣。在生活中遇到困难的时候，不要缄口不言一个人扛下所有的重担。要学会疏散情绪，也学会寻求帮助。所谓的寻求帮助，并不是让你卸下责任甩给别人，而是在可信任的关系中，寻求可以共同解决的方式。这个帮助，当然不是一劳永逸或取之不竭的，你依然需要非常努力与坚强，熬过人生的难关。

该崩就崩，别掖着

本章开篇那些对成年人的描述，我并不同意。为什么成年人不能够发泄情绪？为什么成年人的崩溃要悄无声息？为什么，做一个成年人，就要隐藏和压抑自己的情绪呢？

不知道你是否听过这个说法，无论是我们的思想还是情绪，你越是压抑，它就越强烈，和煽风点火是一个道理。社会中为什么会有突如其来的恶性事件发生呢？就是因为长期的压抑和掩藏，没有使用正确有效的处理方法，最后导致悲剧发生。

当你在遇到生活的困难与挫折的时候，不必刻意地掩饰自己的情绪：想哭就哭，想扔东西，就扔东西；甚至想破口大骂一场，也不一定非要收敛。什么"男儿有泪不轻弹"的话，早就过时了。

网络上时常被大肆渲染的"一个人做的事情"代表了孤独程度，我也不完全认同。在这个世界上，我们要具备一个人行走的独立能力，一个人去医院，一个人做手术，这些的确是一些让你感到孤单的瞬间，但是过去也就过去了。你只需要独立冷静地处理就好，无须自责，也无须自卑。

反而是那些你受了委屈压抑的瞬间，被同行挤兑得没有话说、被无故拖欠的钱款、要背负家人的负债、重要的人突然离开了你……这些时候，想哭，就酣畅淋漓地哭一场吧。

希望你经历一切崩盘，还能有北野武那样的勇气去说："虽然辛苦，我还是会选择那种滚烫的人生。"

希望你经历一切崩盘，还能有北野武那样的勇气去说："虽然辛苦，我还是会选择那种滚烫的人生。"

Chapter 4

肆

你对我不好，
我不开心

这一章，我们来聊聊亲密关系。亲密关系，是除了社会关系和家庭关系之外我们人生的一个重要课题，它在某种程度上也与家庭关系重合。喜欢上一个人是不需要学习的，我们与生俱来的动物性让我们释放激素的同时，产生喜爱的感觉。然而之后的漫漫长路就是一门需要研习一生的课题了。

　　我们在亲密关系中，感到欢欣喜悦；我们在亲密关系中，感到受挫失望。正是因此我们不停地失败，我们逐渐成长。

　　最近收到了几个亲密关系中常见的小情节：

　　- 最近和男朋友冷战。以前刚好的时候，我们每天都能见面，就算加班他也会在外面等我吃了消夜再回家。现在可好，一个礼拜才见一次。他越来越忙，还说我不理解他。男人就是易变体质，早知道这样当初就不答应他。

　　- 昨晚又哭了一鼻子，做好的 PPT 被小组组长改得不成样子。给他打电话想吐槽，他竟然在打游戏！他对我也太差劲了！都是因为他，我才这么可怜。

－爱上他的时候觉得他又 man 又有能力。现在他吃个饭、买个东西都要问我，不知道为什么，这种随时汇报的感觉让他在我心里的形象越来越崩塌。很多女生很享受这种伴侣随时打卡的感觉，我却很不喜欢。好烦。

让我们来看看以上的几个故事，有哪些我们可以学习的地方。

故事 1：他为什么变了？

在生活的关系中，我们特别容易把接触过程中的不愉快，归咎于他人。但其实，这种不开心和不快乐的感觉，是源于自己的，与其埋怨万分解决不了问题，不如先来了解一下自己的想法：

－需要与想要的关系（Need vs Want）：你想要恋爱，是因为你需要这么一个人在身边，还是因为你喜欢他？

－付出与接纳的关系（Giver vs Taker）：在亲密关系中，你怪罪对方付出的少，你又付出在哪里？

－衡量与决策的关系（Weighing vs Decision-making）：当初答应他的原因，仅仅是因为他对你好吗？

亲密关系不是市场买菜，如果我们每天都在斤斤计较地衡量彼此付出的多少，那快乐与甜蜜逐渐就会消解在这场"缺斤短两"的较量中了。我们爱上一个人，与之相伴，也许是一生，也许是一段时间。重要的是，我们在这个过程中彼此惺惺相惜、彼此挂念、彼此呵护时的体验。恋爱同样是一个寻找过程，我们在恋爱关系中找到那个和他相处得舒适且逐渐变得更好的自己，我们在学习中成长。

故事 2：复杂等同性

复杂等同性这个概念，来自神经语言程序学（Neurolinguistics Programming）。简单来说，就是 A 引致了 B，B 产生了 C，人们在很多情况下，会将 A 转移到 C。在这个简单的事件中，女生的工作被否定（A），她产生了不开心、委屈的情绪（B）。于是，她怀着这个委屈的情绪（B）给男朋友打电话想吐槽，却吃了闭门羹（C），于是她将 A 产生的情绪全部转嫁到了男友没有及时安慰她的事上，变成了 A 转移到了 C。

"都是因为他，我才这么可怜。"有一种在关系里很可怕的行为，叫作"假想受害者角色"。当事人会在情绪产生的时候，把自己定义在受害的角度去处理问题，从而规避自己需要审视和承担的责任。久而久之，犹如戴了有色眼镜一般去看待世界。

我曾经在《婚姻的勇气》中用了一个完整的章节来讨论"快乐的

责任"这个问题。要知道你的情绪、你的快乐，没有任何一个人有责任去负责。是你的感受让你产生的某种想法，硬性定义了关系中的"负责人"角色，而这个角色的真正受害人，其实也只有你自己。

故事 3：独立而共生的状态

近些年，在市面上我们看到许多命题书名，"好的婚姻，是……""好的关系，是……"。曾经也有许多人问我，好的爱情状态，到底是什么样的？我在专栏中写过，个人认为爱情最好的状态："不是当你的自由空间范围多了一个人，你就不再是自己。爱情的最佳状态应该是独立而共生的：你们深爱着彼此，时而平行共驰，时而汇聚成一点，时而选择相异的方向奔往。你们始终看到彼此，却不会互相吞噬。"

回到上面的故事，男友的请示汇报让你觉得不适，这仅仅是沟通层面的问题。人们在进入恋爱之后，曾经的光环会褪色，大家会见到彼此并不那么冠冕堂皇的一面，逐渐适应、磨合，才能继续相伴下去。在磨合相处中，任何的不适感都是正常的，不用刻意情绪化。当然不要堆积情绪，有想法就及时进行沟通，找到彼此相处最舒适的方式，才能更好地走下去。

最后，记住了，不是任何人对你不好或让你不开心。你不开心，仅仅是因为你经历的这件事给你带来了不快乐的感受，这是属于个人的感受，不要归咎于任何人。那么在这份感受中，你同样可以做出属于自己的选择，是逐渐消解，还是将其扩大化？

快乐与不快乐同样是一种选择，你想要更好地生活下去，那就把选择权放在自己的手里。

快乐与不快乐同样是一种选择，
你想要更好地生活下去，那就
把选择权放在自己的手里。

无效社交

个体心理学之父阿尔弗雷德·阿德勒曾在诸多著作中指出，我们的一生有三个不可回避的任务：①我们对社会的贡献（提供我们与社会的连接）；②我们与朋友的关系；③我们的亲密关系。这三者无先后顺序或主次之分，像等边三角形一样相辅相成，缺一不可。我们在亲密关系和朋友的相处中找到归属的感觉，在给社会做出贡献的同时提升自己的价值感。

　　可见，友情在我们生命里的重要性。

　　来分享两个关于友情的故事。两个因工作原因结识的男生，称兄道弟了很多年，后来公司重组两个人分别辞职，各自奔向更好的前程。十几年的相处，从单身到已婚，再到当爹，他们时不时地聚会，叙叙家常。近期突然有个可以一起合作的机会，两个人商榷一番，就大张旗鼓地操作起来。到了清算余款之时，二人出现了矛盾与纠纷，搞得不欢而散。

　　我身边还有一个女孩子，十分念旧，和住在同一个城市的初高中、大学同学都一直保持着联系。她一路都很努力要强，本科研究生，工作两年后又继续考博。而她曾经的几个很要好的朋友嫁人了，辞了工作，并没有要孩子，每天都在和不同的朋友约饭、看电影、逛街，打发无聊的时间。女孩逐渐觉得，大家一起能聊的共同话题越发少了。她曾经建议朋友去找点事情做，就算不工作的话也可以培养点兴趣，学学钢琴、跳跳舞、做做瑜伽，甚至是学一门语言。她的朋友倒是每次都听取建议，就是每样都学不下去，学费大把大把地掏，学几次就放弃了，反而还会向她抱怨——真不应该去学这些没用的东西！女孩表示很无奈，曾经无比亲密的她们，现在除了一起看个电影之外，竟找不到任何共同语言。

自己心里的肚量

先说说第一个故事。很小的时候长辈就告诉过我们，人与人之间的关系有许多种：有的能"过事儿"，有的能"过钱"，有的两者皆可，有的两者皆不可。

不要期待所有的友情，都是那种悬崖断裂时，可以伸出援助之手的类型。也不要期待所有的友谊都能在危难之际拔刀相助。人之初性本善，也本恶。尤其在欲望的强烈作用下，人们对权力的渴望、对身体的贪恋，以及对钱财的欲念，都会让他们的原始意志变得薄弱，做出一些与平日行径相悖的行为。

在这里我并不是说让你把朋友分成三六九等，而是在相处的过程中，自己去品味和体会：哪些朋友是可以和你经历风雨的？哪些是只能够聚在一起吃吃喝喝的？哪些又是平日联系不多，但心里却一直彼此惦记的？比如故事里面的这种友谊，其实在平日相处的过程中也许就能看出端倪，也无须去怪罪任何人，每个人都有自己的人生择重的方式，你只需要决定好自己的选择方式，忠于自己。

对于那些也许能和你"过事儿"的朋友，同样不要有任何依赖感。在友谊中，我们始终要保持自我独立，有事情自己先想办法解决。

不回应也是一种回应

说回第二个故事，有关渐行渐远的友谊。在北京话里，从小一起相伴着长大的人，叫作"发小"。那么是不是所有发小，都是我们一生相伴到老的朋友呢？当然不是。

我们的人生就像火车一样，会有各类乘客上上下下，有些人会陪我们一小段旅程，有些人相伴得久一点。每个人的人生轨迹，都非常迥异。我们会在途中找到一些与自己志趣相投的人，也会在列车行驶的过程中，远离和失去一些人。

在第二个故事里，很显然这个女孩并不想和曾经的好朋友失去联系。但是，她与朋友的人生观、生活方式日渐疏远，该怎么办呢？

不妨尝试一下"不回应"。有时候，不回应也是一种回应。你不用每一次都对她的负面情绪和吐槽竭力输出你自己的想法，也不用每一次在对方感到无力的时候都伸出手拉一把。稍做迟缓，让她自己去找找方法，自己学会处理。与此同时，她也会意识到，朋友不是垃圾桶，她也要慢慢地学会自己长大。

学会拒绝

这个技能不单单用于友谊中。在本书里我还会再一次地强调——学会拒绝。我从小就是一个特别不会拒绝也不爱拒绝别人的人，总觉得话说不出口，这样会破坏关系，诸如此类。

我们来看看不懂得拒绝，背后的逻辑层次是什么？首先不想拒绝，因为恐惧。而恐惧什么呢？恐惧承担拒绝以后的后果。那么好。如果你拒绝这件事，会有怎样的后果？最普遍的，就是与事件相关的人会不高兴，你们的关系会受到影响。

一段关系是需要两个人来构建的。如果我们反向思考，你没有拒绝，这里面最不开心的人，就是你自己。你带着委屈、不舒服持续着这段关系，因为做了不想做的事情"忍辱负重"。如此一来，你又是开心的吗？你的不开心，同样会使你们的关系受到影响。

所以，学会拒绝不单单是你处理关系的一种方法，同样也是成长路上至关重要的一堂课。你若能学会不违背自己内心，不被他人消费，拒绝无效社交，反而能在生活中遇到更多有趣的灵魂。

有时候，不回应也是一种回应。

被打的鼹鼠

你小的时候，有没有玩过一个游戏：在一个特定的时间内，拿着一个小锤子，看到有小鼹鼠从地洞里钻出来，就一锤打下去。很多小孩子都很喜欢玩这个游戏，练习反应能力的同时还体验到了棒击、追逐的快感。

前段时间有个朋友跟我诉苦了她的生活之后，说了一句："我感觉，自己就像被生活毒打的鼹鼠，从哪里探头，就在哪里挨打，然后继续窜逃。"

说实在的，这句话听得我心里很不舒服，感觉像被什么深深地击中了痛处。不得不承认她形容得贴切，让我一时间无法应对。

还有个许多年前认识的朋友，离婚后净身出户；二次创业刚刚走上正轨，整个零售业受到巨大的打击，一下被压垮；突然知道父亲胰腺癌晚期；本来谈了一年多的女朋友因做访问学者去了欧洲，决定不再回来，也慢慢地断了联系。

听到他的事情，我甚至无法用"倒霉"来形容，真的就好像第一个朋友说的，像一只被生活毒打的鼹鼠。每当我联系他，向他嘘寒问暖的时候，他的态度却总令我瞠目结舌："是不算太顺利呀，那又能怎么样呢？就算不会好起来，总得往前走哇！"

是呀，鼹鼠一次次地被暴击了脑袋，它为什么还是不停地探头呢？

是求生的欲望

很多年前我去北极点的时候，回程途中有个下船登岛的活动。没想到在那么偏远、天寒地冻的科考团队岛屿上，零下几十度的气温里，一层浮冰的石头缝隙中，生长着葱郁而茂盛的小花。看到这个景象，我有种按捺不住的感动，生命百折不挠的张力，用它呈现在你面前的样子告诉你，绝处逢生的可能性。

我曾在《别着急，反正一切来不及》里写道："我们都以为老天给你关上门的时候，会打开一扇窗，怎么知道他不仅关上了门，还从窗户扔了块儿板砖进来。"很多读者都说，这个形容贴切又悲哀。今日看来，我仅仅是表达了状态并没有后续跟进。当时想说的不过是，人生的坎坷大多一波接一波的，它并不会像故事书里形容得那么一马平川。我们需要不停地接纳、抗衡和修补。

我曾经问一个心理学导师："当我们面对那些对生活失去信心的

人，我们最应该做的，是什么呢？"我的导师说，我们需要做的，不是告诉对方：会好的，以后就会好起来的，这样的目标既空洞又无实际意义。也不是阻止他去难过，或者对他的情绪进行引导和批判。仅仅是给他希望。

当时我觉得这个回答很空洞，"给他希望"——我如何，给到一个失望的人以希望？

现在想想，那一束希望就好像床前照进来的光一样，也好像在北极圈看到的顽强的植物，是传递一份对生命的渴望。

是对事件的拆解能力

那个告诉我自己像鼹鼠一样被打的朋友，情绪状况要比第二个故事中的人要低迷许多。在与她许多次的沟通中我发现，大多数的时候，她的矛头都是指向外面的世界的：

- 是老板看不到我的闪光点；
- 是生活辜负了我的努力；
- 是爱人对我过于苛责；
- 是父母没能给我好的生活；
- 是同事抢了我的位置；
- 是这个世道让人没有空间；

– 是今天的天气让人窒息。

这些描述，让我想到了一个关于阿德勒刚开始做心理咨询时的故事。他给患者三个瓶子。瓶子 1：我的错，我是个一无是处的人；瓶子 2：你的错，都是你不对；瓶子 3：我可以想办法。

大多数因为生活琐事而痛不欲生的人，都选择停留在 1 或 2 的瓶子状态里。而我们旁观者能非常清晰地看到，唯一能够解决问题的，是第 3 个瓶子的状态。第三种状态，就是我们面对生活中突发事件的拆解能力和看待事情的方式方法。

我们大可这样想：

– 也许我可以做得更好一点，并且练习沟通，让老板注意到我的优势；
– 生活也许辜负了我，但是我不服输；
– 爱人对我的苛责说明了她的在乎，我有责任审视自己；
– 父母赐予了我如此可贵的生命；
– 同事在人际关系方面，比我更优秀，值得学习。

这个世界从来不缺少黑暗与挫折，但这并不意味着生活中毫无光亮。为什么有的人总是快乐的，而有的人却总是怨声载道？凡事皆有两面，你要选择让自己能够前行的一面。

是勇气

曾经有人说，勇气是个很空洞的词。对，也不对。的确，如果我们单凭嘴巴来说勇气，那的确空洞得要死。

勇气是一种十分自我的内驱力，让我们迈开脚步去行动。就像那只被打的鼹鼠一样，我相信每次它探出头颅张望外面世界的时候，内心一定也十分惶恐吧？这种恐惧，就是我们拿着文件夹在老板办公室门口敲门那一刻的胆怯；也是我们想和伴侣商量辞职决定时候的忧郁；同样是我们面对父母的失望，内心的繁杂与自责；更是我们面对自认为一无是处的自己，苛责不已又慌乱的感觉。

但是，鼹鼠选择了不停地尝试：这个洞不行，就下一个。下一次又被打了，就再试一次。年轻的时候我读歌德的史诗，觉得冗长、枯燥无味，又深邃难懂。等经历了许多之后再读《浮士德》觉得感动不已：那个浮士德，不就是始终在追求、在探索，在超越自我吗？他从来不是完美的，他一次次被蛊惑又一次次犯错，他死亡又重生。诗人歌德用了近 40 年的时间写这部作品，这难道不正是记录人们自我蜕变的真正过程吗？

就算感觉像鼹鼠又怎样呢？我们终将会在这一次次的尝试与适应下，找到一片属于自己的天地。

Chapter 7
柒 "不"

本章我们来讨论"不"这个话题，分为两个层次：第一，我们要知道，自己不要什么；第二，我们要学会说"不"，学会在尴尬和难堪里，忠于自己的感受，不做一个步步退让的人。

排除法

拿吃饭举例，如果朋友问你"今天晚餐想吃什么"，在众多的菜系里，你可能很难一下挑选出今晚的用餐地点（毕竟美食充满了诱惑！），但容易些的方法是，你可以先筛选出来哪些是你不吃的：比如你不吃辣的、不想吃西餐、不吃羊肉、不方便吃生冷的食品，等等。

在生活中，这也是至关重要的一项技能。我们总是被强调或被告知——你的人生需要有方向，你要在未来的蓝图里，画出你想要的模样。但对于初出茅庐刚走上社会的青年人来说，"我怎么知道我想要什么？"他还不曾经历世事，无法过早地在蓝图上画出条条框框怎么办？或者，现在想要的，以后就一定也想要吗？目标有变怎么办？

我们经常只看到了绳子的一端，却忘记一根绳子有两头的道理。

如果这一端找不到出口，那么试试另外一端：什么是你不要的？你不能承担失去的又是什么？

很多时候，我们在人生的分岔路口不知道如何选择：

- 是先有家庭还是先创业？
- 是去创业还是守着现在的工作混吃等死？
- 是毕业了马上去应聘还是再提升一下自己？
- 赚了钱是及时享乐还是存起来以备不时之需？
- 对象是选择父母觉得合适的类型，还是选自己更偏爱的？

在这个纠结的过程中，我们如果无法做出选择又觉得两方面难以权衡的话，可以先想想，什么是自己不想要的：

- 我不想失败；
- 我不想被人看不起；
- 我不想孤单；
- 我不想被排挤；
- 我不想结婚以后再离婚；
- 我不想失去现在的存款和稳定的情感关系。

先排除了自己不想要的，目标就会逐渐清晰；然后，你在进行抉择时，也须考虑承担的风险（你有可能会失去的）。还有未雨绸缪的思考力，是你在被击垮的时候再次复原的一种能力。当有一天你需要承担这样的失去，你就不会被命运打倒。

预先权衡、剪掉枝蔓

承上讨论的，我们经常听到"投资有风险，入市需谨慎"这样的话语，这句话真正在提醒的，并不是打消你参与的积极性，而是当你开始一件事情之前，先要考虑好，自己能承受的程度。

比如爱情，有个读者曾经咨询我，有关于异地恋，是否应该放弃现在手里的工作机会，去追寻爱情。我当然不会就他个人的问题给出明确的选择。但是，我提醒他去掂酌的这几个方面：

– 此时此刻，对于 26 岁的你，爱情与工作，哪个比重更大一些？
– 在陌生的城市，你找到新的工作概率大不大？
– 如果不换工作，对方和你继续下去的可能性又是多少？

为什么要这么面面俱到地考虑问题呢？因为感情与事业不是一场赌注，我们的确需要两方面权衡。

在我们的人生路上，总会有许多繁枝蔓节的选择出现，你如果觉得这段感情是你所珍视的，你想要去追逐它、拥有它，那么也要意识到追逐它的同时你会失去的东西，并控制在可承受的范围之内。

在决策之前想清楚，在你们日后的相处中，就大可避免"我当初就是为了你，才放弃了那么好的工作机会"此类的埋怨与事后追究责任的撕扯。

学会说"不"

我年轻的时候特别不会拒绝，原因有这样几个：①我很不好意思把拒绝说出口；②我很害怕拒绝别人的需求之后，破坏了我与对方之间的关系；③好像勉强一下自己，也没什么关系。

而现在我经常看到，周围的人有时候勉为其难地说："呃，好吧。""行吧。"或者吞吞吐吐、话说到嘴边："其实……算了，没事我去吧。"这样的时候，也总会想到当年的自己，不情愿地和不熟悉的人吃着饭，买了单；谈着寸步难行，并无幸福感的恋爱；不好意思拒绝他人之求，做着毫无薪酬的工作……

首先，我们在不情愿的状态下，无论是工作还是恋爱，哪怕只是小小的一个帮忙，个人状态都无法做到"最佳"。大多数情况下，是被牵着鼻子走的那种尴尬。做是做了，但自己做得不开心，更是没有积极性。其次，如果一次拒绝就能破坏你和对方的关系，那么这段关系同样是值得再斟酌的。你对于对方来说，只有帮忙的价值吗？你可以拒绝自己并不想做的事情吗？因为一次的拒绝，关系就会恶化的话，这样的关系是不是本身也太过脆弱不堪呢？最后，你觉得勉强自己没有关系，你把自己看得不重要。试想在生活中，你连自己都觉得不重要，总是把过度的压力与责任放在自己肩膀，那么后面的路，你不停地加载生活的负重，又如何抬得起头来？

我们知道什么是自己不要的，学会说"不"。这也许不能让你一下达到梦想蓝图的彼岸，写下精彩的人生篇章。但是，至少在这一刻你可以把那些枝蔓去除，更懂得如何认识自己。

告诉自己：

– 我是重要的。
– 我的感觉很重要。
– 感觉好我才能做得更好。
– 我不需要委曲求全去讨好任何人。

Chapter 8

捌

允许不完美

"完美"这个词在我们的时代被赋予了千奇百怪的意义。从铺天盖地的媒体信息中，我们看到女孩子的形象基本都是丰满又窈窕、双眼皮大眼睛、尖下巴高鼻梁。纵观这些年的医美行业，群众的诉求越来越精进，每个人都想要变美，每个人都想要那个完美的，荧幕里的样子。

　　前几年有个合作过的意大利摄影师曾经不解地问过我，国内的杂志封面上的人为什么都精修得那么厉害？我当时说，因为这样没有瑕疵呀，才美得好看啊。他摇摇头表示不能理解："雀斑有雀斑的美，皱纹有皱纹的故事。"

　　是呀，雀斑有雀斑的美，皱纹有皱纹的故事。可若没有一个人有黄褐斑和鱼尾纹，你有皱纹的脸会不会像黑天鹅一样，被视为是异类，是丑陋的呢？

　　坦白地说，我从小总能听到的强调词就是"你应该""你必须""你一定"……在那个年代，高你一级的人总会给你画上一条笔直的线——你不能越界、你不容迟缓、你一定要走得漂亮——这才是一个人人生正常的模样。

我大学三年级的时候，在学校附近的一个小学做义工，帮忙照看一些下了学不能马上坐校车回家的孩子。有一次，一个二年级的小孩画了一个紫色的星星，在橙色的天空里。我觉得很可爱，顿时笑出了声，另外一个义工老师在经过的时候马上说出了赞赏和鼓励："Wow！That's a beautiful star！（哇！真是颗漂亮的星星呢！）"紫色的星星不是我们普通认知中的样子，它闪耀在并不是蓝色的星空里。但是它仍旧是一颗美丽的星星，并且赋予十足的想象空间。

我想，这个在如此环境下长大的小女孩，一定不会对自己特别苛责，也许，她会喜欢自己的雀斑。

什么叫作完美?

你总觉得自己这里不够好，那里有不足，不够完美。那么请你先定义一下，什么才是完美? 你想要一个什么样的自己? 什么样的生活状态、什么样的学识、什么样的事业成就……
一条一条写下来，然后看看哪些是通过你的努力可以接近、完成的；哪些又是极度不切实际的?

有个心理学的小游戏，叫作"as many as possible（越多越好）"，是设计给那些欲求过多的人玩的。他们总因为想要的东西或完成的事

情太多而无法开心，所以第一步是尽可能多地把需求写出来。10 条？不够！再写！ 20 条？也不够！继续写！游戏的设计者会通过一开始的问卷调查，设计出作业需求的数量。真正目的就是让人们写到绞尽脑汁为止。然后再开始筛选一圈游戏，留下最想要的 3~5 个。

大多数的人会发现，自己很多的欲求都是一念之间，那一刻迫切地想要达到，稍稍冷静之后就会发现其实也没有那么想要。而什么才是完美？它不过是你给自己设置的一块又一块绊脚石，你百般怀疑自己，你不停地和别人比较，你看不到自己的能量所在，你跳进了一个"我不够好"的坑。

月有阴晴圆缺

有次我和母亲发生了争吵，因为她的一句"早知今日何必当初"。我似乎对那些诸如"要是当时你听我说，就不会经历这些""你要是早这样，该多好"的话特别排斥，所以一入耳就开始压不住火，立即开始反驳。

"我没有觉得我经历的这些，有什么不好！"
"正是因为这些经历，才有了现在的我。"
"人生如果只是一条笔直的线，那有什么意思！"

当然，我完全理解，做父母的都希望子女们有个顺畅的人生，多听些过来人的道理，少一些坎坷与磕碰。顺利完成学业，有好的工作、好的归属，找到疼爱自己的人，拥有自己幸福的家。但是人生啊，如果没有阴晴圆缺，又怎么欣赏月圆之美呢？月缺有月缺的美，我们在失败中学习经验，在挫折中凝聚力量，而不是一路沿着笔直的线，去追随他人走过的步伐与轨迹。

向内寻

"外界是镜子，生命向内寻。"我们常说，你看到的世界就是你内心世界的样子。那什么是"向内寻"呢？就是看回自己，找寻自己内力的一个过程。看到问题的本源，也更加了解自己。

比如说，今天你的车在路上抛锚了，折腾整整一个下午，搞得你身心疲惫。然后你回家时依然不开心，想到前段时间你叮嘱先生去检查车，他就一直拖拖拉拉没有去。所以你和先生因为这件事大吵了一架。

向内寻就是去明白，会让你产生这个强烈情绪的，是这个完整的下午被白白地搭了进去和你的疲惫感，并不是因为车，也不是因为老公。平日关系中积存下来的问题，比如你说话的时候他没有注意听；你们沟通欠佳；你觉得他对你关心甚少；等等。你心里满是坑洞，就像坑坑洼洼的月球表面。

回归到自己的问题，很多时候，我们自己给自己内心挖了许多坑：我太胖了，需要减肥；我小肚子叠起来的褶皱；我后背的痘痘；我并没有很拿得出手的学历；我男朋友是个蓝领；我的胸已经开始下垂；我脖子上有很多纹路……这些心灵树洞里最常见的吐槽，就是我们对自己要求过度完美而挖出来的坑。

向内寻，就是你去填自己内心的坑，不是隔岸观火看别人填坑，也不是去填别人的。别人再优秀，再完美，再帅气多金，也和你没有任何关系。

我们填坑的同时，也要感谢自己拥有的这些坑，正是这些看似不平的小瑕疵，给我们的生活留有更多的进步空间和需要修正的余地。这些坑坑洼洼，虽是不完美的，但如此特别，好像月球表面不平实的地面，却散发着最美丽、最温柔的光。

请接纳不完美，却又如此特别的自己。

这些坑坑洼洼，虽是不完美的，但如此特别，好像月球表面不平实的地面，却散发着最美丽、最温柔的光。

强扭的瓜，

不甜也不香

2020 年一场突如其来的全球性疫情，改变了大部分人的生活。有许多家庭相隔两地一年之余仍旧不能团聚，不少线下曾经如火如荼的行业一蹶不振，也有些刚刚开动的创业公司就此按下停止键，还有莘莘学子无法顺利完成学业……

2020 年年末，我曾征集过大家的年度关键词，收到的答案有些悲观："隔离""静止""颓废""孤单""无助""分离""单身""留守""思念""坚持""重启"……不少人因为生活状态的突然改变，变得孤僻、抱怨连连、拒绝沟通、垂头丧气；也有的人因为这场疫情，对生活有了不一样的认知，开始不再拘泥于曾经，开辟出新的天地。

我们小的时候都听说过这样的俗语，"强扭的瓜不甜"，意指生活中有些事情需要自己掂量三思，不可莽撞前行。这个话题想聊的，是我们的人生有各种状态：定会有"动如脱兔"之能动性，也需要具备"静如处子"的耐心。

先来分享一个我个人的故事。2019 年的夏天，我决定去挑战欧洲最高峰厄尔布鲁士山，这是一次突然又任性的想法，没有任何对个人体能的评估，就草草做了决定。一开始家人都强烈反对，恰巧我又是听不了反对意见的小倔驴，越是备受阻拦就越想霸王硬上弓，所以我不管不顾地背上行囊前行。恰巧那年的暑假，一直在忙着发第二本书，回到北京以后的作息，既不健康也不规律，夜夜笙歌不说，还天天毫无节制地胡吃海塞，基本零运动。我对自己的身体不完全了解，加上那段时间作息不良、心情不稳定等因素，令出行的一开始就充满了疲倦感。

但是我又偏偏不想认输，在集训几天之后依然硬着头皮跟大队伍登顶了厄尔布鲁士。然而下山的时候，我的身体出现了突发性的问题，幸亏向导及时采取措施，在非常短的时间内下撤，才得以保命一条。回家之后，被家人火速送到医院做了各项检查。住院的那几天，我其实认真思考过——如果再给我一次选择的机会，我还会不会这么任性地前往呢？

成长的这一路上，这些话语绝对是你耳熟能详的：你要深思熟虑，你要未雨绸缪，你要衡量得失，你要知道扬长避短……而我理解的成熟，是一种非常主观的成长，当某个时刻，你能够按捺住内心悸动不已的小兔子，让自己冷静下来，后退半步，站远一点，再看得远一点，那么可称之为成熟。

比如因为这次疫情，很多人的工作遇到了非常大的挫折，甚至是断崖式的改变。包括我自己。一个本来需要飞来飞去、到处跑的行业，突然飞行不再是便捷的手段，那我们是"逆流而上"，还是居家颓废呢？

你还有什么其他选择?

我们固有的思维模式，很容易把自己陷入一个固定的思维闭环内：出不了门——就做不了本来应该做的工作——工作无法进行——那就什么都干不了。

什么都干不了 = 坐吃山空 = 失败

仔细想想，你真的，什么都干不了吗?

我们在传统教育模式下成长，很多时候不会对事件本身或者自己所处的情况提出反问。上大学的时候，我时常惊讶于同学对老师的"反向要求"：除了这个，我们还有别的选择吗?

我们可否在 xyz 里，增加一项 q ?

这些在我的概念里所谓的"以下犯上"或"越权"类的问题，似乎变成了一种多角度的思考方式。不过，在那个年纪，我仅仅看到了同龄人的大胆，却没能看到他们思维的广博性。现在想来，生活所提供给我们的，只有一个选择吗? 当然不是。我们越大程度地打开自己的世界，接纳能力越强，我们看到的世界就越大。

我最近都无法出差——那我还可以做些什么?

最近的销售情况不好——有什么其他模式可以改善？

我见不到我的家人——我能够做些什么，表达我的思念？

我无法到学校上课——这段时间，如何更好地自我增值？

买的书无法寄过来——有没有电子版可以购买？

给生活多一个维度，不一定要和眼下的这个"瓜"较劲。

有限选择内的深度规划

好，你现在除了眼前的瓜，还看到了更多的水果。于是，你需要来看一下自己的筐了。

把你的视野放宽放远，这是横向的计划。

现在再来看看纵向的：

- 短期内，你能够完成的目标是什么？

- 这个目标会给你带来什么？

- 为了实现这个目标，你愿意放弃什么？

这些问题更多的是对自己价值观的审视，我们每隔一段时间，都可以透彻地了解自己一次：

- 你不想改变的，又有什么？

- 你此刻完成的事情，目的是想实现什么？

- 近期的工作计划里，你从中学到了什么？

－你会如何让计划变得不同？

表面上看，这些都是十分容易且没有太多含金量的问题。但当我们处在人生选择的交叉路口，也许这些扪心自问的问题，就有它们的价值所在了。

有个朋友因为疫情隔离的原因，无法正常工作，双向隔离 28 天，也就是说，除身体上的风险、隔离费用成本，在被隔离的 28 天里，他和客户只能靠电话会议来沟通。这对于需要参与实地操作的人员来说，变得非常被动、困难重重。于是，他选择了在某地停留 2~3 个月，然后回到居住城市隔离的办法来减少费用和时间成本。

但即便如此，工作推进得依然缓慢。与此同时，不能陪伴家人也给他带来一定程度的困扰和痛苦。那么在这个时候，我们就可以回归到以上的那些问题里：

当我们把目标放在眼前，为了实现这个目标，我们愿意放弃的和不想去改变的是什么？

如果我们的生活已经发生改变，那么在这个改变里，是否有所收获？

一跃而发

近一两年，或许两三年，我们的日常与曾经相比会相对"静态"许多。但是"静态"并不代表没有期许。就像我们小时候上体育课学习助跑一样，我始终相信，人是具备"一触即发"的能力的。

埃隆·马斯克这个名字，大家也许不会陌生吧。对，就是那个太空探索技术公司、特斯拉、太阳城三家公司的最高管理者，同时也是参与民用火箭、纯电动汽车的研发设计人。众人都知道狂人马斯克还有一个梦想，就是去火星生活。他甚至曾经扬言，在 2050 年前，要将 100 万人送上火星。

马斯克虽然掌握了一定的火箭技术，但他的飞行回收试验却经历了许多波折——几个原型机的爆炸，一次又一次地失败。2020 年 5 月 MK4 的原型机在测试中意外地发生了燃爆，现场瞬间变成火海，连发射现场都是一片狼藉。经历诸多失败后，马斯克似乎从未动摇星际飞船星舰 SN8 的试行，在发射前 3 秒，发动机出现异常，虽然成功升空，却还是再次发生了燃爆。

但后期采访中，马斯克依然表示，他并没有因此而丧失对火星的向往。

举这个例子不过是想说，在前行的过程中，我们只要坚守着自己的信念，步伐或快或慢，都没有关系。重要的是恒心。

那个一跃而发之时，终将来临。

如果我们的生活已经发生改变，

那么在这个改变里，是否有所收获？

用生命挡下的酒精

"感情深，一口闷"，这句话你一定不陌生吧？很多刚入职的年轻人都被"酒桌文化"深深困扰：喝不喝？怎么喝？喝多少？

　　我们时常会看到这类的社会新闻：某 26 岁男子，饮酒过度，十二指肠穿孔、疝气，抢救无效；某 30 岁女士，因常年酗酒、熬夜，在家中猝死；连我曾经十分喜欢的《巴啦啦小魔仙》中的一位演员，也是因为饮酒的原因，早早地离开了这个世界。

　　我身边还有个更夸张的例子，有对已婚几年，生活得还不错的小夫妻，都打算备孕要孩子了，丈夫某日因为接待客户晚上喝大了，在回家的途中，莫名其妙地和代驾发生了冲突，竟然打了起来，进而发生了交通事故、肇事伤人。丈夫被拘留了不说，工作丢了，家庭关系也闹得一塌糊涂，无法和解。夫妻的矛盾越发锐化，最后离了婚。

　　我想，在他被拘留的那段日子，会不会这样问过自己："我图什么呀？怎么就走到了今天这个地步？"

　　对啊，你图什么呢？

许多刚步入职场的读者曾和我这样说:"小安老师,不是的。你没有身处那个环境之中,你感受不到那种压力感。毕竟要融入一个圈子,大家都很拼。老板给你倒酒你不喝,他就会觉得你不尊重他,你没有能力胜任,你是软弱的。"

看到这些话,我脑子里冒出来的第一个信息是:这的确是老板的想法吗?还是你认为的老板的想法呢?

那么,我来和你们说说我当年第一份工作里的第一场工作酒。老板提前退场,女生只剩下了酒精过敏的老板助理和做策划统筹的我,其余的都是来自北方各省的编导大老爷们儿。半瓶白酒喝下去,我人生第一次有了近观"浮世绘"的感觉:眼前的人像变得十分模糊,声音也忽远忽近。大家有的已经跑去厕所呕吐,有的趴桌子上睡了,还有的继续称兄道弟地在劝酒。

为了能够清醒、安全地回家,我也偷偷跑去厕所吐了,然后装作什么事情都没发生似的回到了饭桌上。回家途中出租车上的那段记忆,到今天依然深刻:我忍了很久胃里的翻江倒海,最终还是找司机要了塑料袋呕吐。我以为,他会骂骂咧咧几句表示不满。谁知道我下车之前,司机语重心长地说:"小姑娘,身体要紧,别拿命拼。"

嗯,别拿生命去拼,这就是我想和你们说的。

了解你对酒精的耐受力

我18岁成人礼的时候（加拿大的合法饮酒年纪是19岁，掐指一算，我早喝了一年），我爸在日料餐厅叫了一排酒摆在我面前，当时我都吓坏了。我妈马上就反对："孩子太小不能这么喝，会把脑子烧坏的！"我爸并没有罢休，反倒郑重其事地对我说："作为一个成年人，你需要知道你自己的酒量，能承受多少，在什么样的感觉下你会失态。那么日后，在接触酒精的场合，自己可以负责任地应对。"

我非常感谢成人礼上我爸的教诲，以至若干年后，我在一切喝酒的场合里，从未当众失态过。无论"未曾失态"的背后，是跑回家默默地抱着马桶吐完后睡在了洗手间的地板上，还是头重脚轻地上了车，回家连隐形眼镜都没摘一头栽倒在床上。至少在到家之前的时间里，我都能保持一定的警醒和冷静，安全把自己带回家。

而你，也需要对自己酒精的耐受能力有所了解：

– 你更擅长喝什么样的酒？
– 你不擅长喝什么酒？
– 喝多少，你会微醺？
– 喝多少，你就会开始恍惚和不适？

找个舒适的环境、选择一个可信任的人，你需要给自己一次了解对酒精耐受力的体验。

　　这样日后在"无法回避"的酒精场合，你就能知道自己什么时候就快触及底线。提前离场也好，酌减速度也罢，在自己能够承受的范围内应酬，是对自己身体的基本尊重与保护。

守住自己的底线

　　近些年认识的新朋友里，越来越多的人说自己"酒精过敏"了。我承认自己是一个并不排斥酒精的人，我也承认自己曾偷偷怀疑过这个"酒精过敏"人数的比例。但是客观地说，这是一种情商很高的控制力。

　　我们先不从鉴别他人真伪的角度上看，而是从这个底线的受益方来说。比如说，我身边好几位朋友（有男有女）都说自己是"酒精过敏"的，他们能够在声色犬马的场合保持着相当的冷静，虽然少了别人眼中的"融入感"。但是久而久之，周遭的人其实也会习惯他们在社交场合的状态：没有人会给他们劝酒，也没有人会把他们纳入"一口闷"的对象。

　　反之再想，我们真的需要酒精催化的"微醺"才能将人际关系活络起来吗？那些不依靠酒精圆场的人，难道不是在时刻保持冷静理智

的同时，又将全部自主权握在自己手中吗？这未尝不是我们在社会行走的一种能力。

这个世界很美好，却也十分繁杂。像小时候学跳皮筋一样，你得轻盈地跳动于皮筋之间，不踩线也不被自己绊倒。这柔韧度很高的皮筋，同时也是你的底线。它是游刃有余、可被拉伸的，始终晃动在那里，你踩踏的次数越多，对自己的伤害就越大，越容易乱了生活的阵脚。

所以，先想好自己的底线是什么，然后，守住它。

保持体检的好习惯

敷着很贵的面膜，啤酒里面扔几颗枸杞，一把一把地吃保健品，都无法挽回一次酒精过量对你的伤害。

我年轻的时候也会时常产生那种"无处安放"的肆意感：熬夜、喝酒、不规律饮食、吃垃圾食品、不运动……反正有什么解决不了的，一顿酒就可以了，再不行的话，再闷头睡个觉。

我们的身体，就像一个无休止运转中的机器，它在时光中磨蚀耗损。对待身体的态度不能是亡羊补牢：今天晚上喝吐了胃不舒服，明后天吃清淡点喝点粥，然后再补顿好的。身体也有自己的脾气和耐受程度，它可能会在你不经意的时候，产生功能性的问题。你的车需要每年年检，你的身体也是一样的。很多人都觉得体检是个很应付的事情，还需要耽误大半天的时间。

但是这个半天，是我们需要对自己的身体有所了解并且及时改正生活态度的时刻。最简单的常规体检三项每年不可少：

I. 常规抽血检查；

II. 泌尿系统检查（女生应加一项妇科检查）；

III. 内科常规检查。

年度体检是一种对自我和对家人都负责的生活选择，保持这个良好的习惯，适度摄取酒精，珍视生命。

找个舒适的环境、选择一个可信任的人，
你需要给自己一次了解对酒精耐受力的体验。

用力过猛

有一次我看书时不小心睡着了，正睡得混混沌沌的时候，我被电话震醒。一位朋友和交往了7个半月的男朋友分手了。在电话的那一端，她哭得泣不成声，说了一长串伴随着抽泣，听不太清楚的话，最后只记得这句："我这么爱他，他怎么舍得离开我？！"

朋友的弟弟在日企工作三年后出来创业，曾经发过我一份十分冗长、打满了鸡血的PPT招商计划。近日，因为合伙人突然撤资，创业大计不了了之。他整个人受到重创，一下就颓废了，酗酒、夜不归宿，让朋友担心不已。有一天，朋友发给我他弟弟凌晨三点的朋友圈："我一直以为努力，加倍地努力就能达到自己的目标。可我那么努力，结果呢……"

近些日子因为工作的原因认识了许多学生的家长，也在一些线上活动中一遍又一遍地和大家阐述我个人的教育理念和方法。很多家长，在面对青春期的孩子叛逆、自闭甚至是竭力反抗的时候慌了阵脚。他们感到非常痛苦，频频发来求救："我那么爱他，给了他我的半个人生，他怎么现在变成这样？"

好了，小故事就分享到这里，下面我们来分析一下这些故事里的共同认知。

无论是爱情、工作还是亲子关系，这里的底层逻辑思维出现了以下几个问题。

爱的对等性

我们很爱一个人，很努力地投入工作，为家庭付出很多，对事业非常热爱……这些都是属于我们个人的主观性选择和行为。然而与此同时，我们错误地"觉得"，回报与付出"应该"相应地画上等号。

我们期待着，我们的爱人也可以那么无私地爱着我们；我们认为，全情投入的工作应该立竿见影地看到效果；我们渴望着，辛苦养育大的孩子，可以懂事聪明又孝顺。

所以，当我们发现，辛苦耕耘的结果竟然是一无所获的时候，就会产生非常大的落差感：怎么会这样？我们看到的并不是耕耘过程中的耕种方法问题，而是觉得——"这块地不行""是天气的问题""种子不好"。

付出对象的需求性

简单地说，就是那句"知己知彼，百战不殆"。我们需要了解自

己，更需要了解对方。你知道自己是一个喜欢热闹的人，那么对方也是吗？你知道自己喜欢吃菠萝，对方也一定喜欢吃菠萝吗？

在情感关系中，我们无意识地自行编写了这样的方程式：

我喜欢的（菠萝）+ 我对你浓烈的爱（所以我要把喜欢的给你）= 我要给你很多菠萝

但是，对方是否真的喜欢菠萝呢？他对菠萝是不是过敏？他或许更喜欢另外一种水果？

放置在亲子关系中也是同理。我们都听说过，"有一种冷，叫作你妈觉得你冷"。这句话曾经一时红遍整个网络，说的就是供给与需求不匹配的问题。因为年纪或体感的问题，每个人对温度的感知是不同的。从小到大，我们会经历若干次以爱为名的"道德绑架"："我这样都是为了你好！""我这不还都是为了你！"初衷显然是想营造更好的亲子关系或亲密关系，然而常常适得其反。

工作上更是如此了，你日日夜夜熬成婆做的报表，一定是有效的吗？为什么大家现在都讲究高效能？就是付出的时间需要和任务需求相对匹配。你的确熬了许多个夜，做出来一份几十页的PPT，但完全没有任何开拓性的新思路，只是换汤不换药的重复。并不是你不够努力，而是没做到对症下药。

我们提到过很多次个体心理学的人生三大任务，我们与亲密伴侣之间的关系、我们与社会的关系和我们与朋友的关系。再加上亲子关系，我个人认为这是一个类似正方形的构造。那么在这些关系中，我们如何才能不用力过猛、剑拔弩张呢？

分寸感

人们都说，幸福感来之不易。我认为，分寸感更难修炼。任何一种关系，满溢而出的状态，都是十分危险的。对，你可能在很多电视剧或者宣传片上看到那些铆足了劲儿工作的人，或者爱情甜蜜到爆棚的片刻。但是如果你想要一份相处得舒适的关系，分寸感至关重要。

什么是分寸感？

很多人把分寸感和界限感划归为一类，以为分寸感就是需要控制自己的付出。其实不然。分寸感，强调的并不是分界线，而是相处起来的舒适度——恰到好处。

一位友人曾经和我说过这样一句话："长久的相处，要爱少一点，爱久一点。"我当时完全不能理解，不是说如果爱，就要深爱吗？既然都爱了，为什么不求个轰轰烈烈、头破血流的感觉呢？

因为，酒满到边缘的状态，始终是要溢出的。溢出就是我们情绪失控的时候：因为倾倒得太多，因为失去了自我，以为我的就是你的。而良性的相处关系，是留有自我也接纳他人的一种"共融"（亲子也同理）：我们在互相可以触及的地方，有着自己的世界，我们有交集并且相爱，在对方需要的时候给予帮助和关心，给对方留有属于自己的空间和时间。我们不勉强自己也不强求他人。

不是没有"我们"，而是"我们"在这个结合体里面，"我"依然是关系的主体。

同样，我们也不把爱当作架在对方脖颈的一把利器，爱始终是我们个人的自由选择。

从容

很多人问过我这样的问题："是不是亲密关系里，付出多的那个人就比较惨啊？""是不是应该找一个爱自己多一点的人啊？""是不是如果自己爱得比较多，那么就很卑微？"

我们先来看看这几句话里强烈的心理暗示：

- "付出多的那个人就比较惨啊？"

在这里，当事者已经给自己设限和列出情感方程式：付出多 = 惨。

– "是不是<u>应该</u>找一个爱自己<u>多</u>一点的人？"

人与人之间的相处是以"情"为基准的，没有那么多"应该"。我们又不是上街买菜，因为缺斤短两就要跟相爱的人斤斤计较。

– "自己爱得<u>多</u>，就很<u>卑微</u>？"

我依然找不到付出与卑微的任何连带关系。当然，我个人不是很建议年纪过小的读者去读张爱玲的作品。如果读者本身处在一个不能将文学作品与现实生活区分开的年纪，那些什么"爱得卑微，卑微到尘埃里"的话语就会下意识地影响读者还在塑形中的感情观，将付出与卑微画等号。

卑微、不快乐、痛苦、惨、受伤……这些在相处中会感受到的情绪，并不是因为你的付出，而是你处理得不够从容。比如，对方没有秒回你的信息，你就一连串地发了十几条 60 秒语音；约好的时间他需要突然改期，你却将这件事与"工作和我到底哪个重要"挂钩，上纲上线；难得见面的周末，她选择了和闺密在一起，你就忍不住大发雷霆……

这些，都是不从容。我们在不从容的状态中，先是想法上将自己在爱情里的位置和事件挂钩，进行对比，然后就开始歇斯底里。

那如何做到从容呢？以下是我个人的小小建议：

– 直接表达：你需要告诉对方自己的需求，不要让他猜测。

– 保有自己的空间：在那些你无法和对方相依偎的时间里，安排好自己，也需要让他知道，你自己是一个独立的个体，你也有你的安排。

– 在有情绪的时候，给自己空间冷静：当我们感到焦虑不安或生气的时候，说出来的话可能是非常伤人的。这时候一定要让自己先闭嘴，冷静一番再来探讨问题。

最后，愿你在一切的关系里，分寸相当，从容不迫。

日常废柴

前些日子，家里有个亲戚突然联系我，说大学毕业刚工作的孩子放假回家，感觉他大白天都提不起精神，吃饭囫囵吞枣，晚上熬夜打游戏，生活自理方面也是一塌糊涂。做长辈的看不过眼，忍不住唠叨几句，孩子马上就蹿火反驳："我就是一块废柴，怎样？""这不毕业了，找到工作了吗？还想我怎么样？"

长辈觉得很失望，但平日不在家的孩子才回家，又不忍心责骂，深深地陷入这种对他未来的担忧里。

"废柴"在当下听来，显然是个刺耳的贬义词。然而，"废柴"和"能力不足导致的失败"是两回事。大部分的"废柴"是主观的生活态度造成的，甚至不是一个特定的人，而是一种状态。不是"我努力了，但是没做好"而是"我压根儿不想做"。

我们每个人在人生的某个阶段，多少都会有"废柴"态度，比如：

给自己设限

　　总能听到周遭的人这样说："我是想做啊，但是做不到，因为 1、2、3、4、5、6……"

　　这就好像启程之前，给自己搬来了路障。你都还没有出发，就已经给自己挖出来了各种坑，铺好放弃的退路。这是一种非常危险的心理暗示，这种暗示会在你不自觉的时候给自己设限加码，并且还能给自己一个"差不多就行了"的暗示。这个理由，同样会把你做不好事情、完不成任务的挫败感降低，更加剥夺了你想"更上一层楼"的欲望。

　　17 世纪的法国古典作家拉罗什富科曾说过："平庸的人总是在抱怨自己不懂的东西。"人们总在抱怨，那些自己并不了解、"臆想"出的障碍物，然后按下让自己心安理得地停止努力的按键。

犹豫不决

　　"废柴"态度里的犹豫不决，不是购物时选黑色的书包，还是红色书包的举棋不定。而是在生活、学习、工作中的那种拖拖拉拉、拖泥带水。

　　"不想做现在的工作了，但也没有什么其他好做的。"
　　"没有跟冷战中的女朋友联系，但她不也没联系我嘛！"

"想报个学习班，但是想想觉得太累了。"

第一条所提及的自己设下的障碍，是阻碍我们行动的绊脚石。那么，这个犹豫不决就是连障碍物都懒得搬，障碍物面前驻足一会儿，生怕扭了腰，掉头撤退的态度。

然后会发生什么呢？在犹犹豫豫中，我们就干脆什么都不去干，在感情、工作和生活中浑浑噩噩地停滞不前。然后我们会说，唉，在生活的赛道中，我们被挤得窒息，没有位置。

著名的哲学家和数学家阿尔弗雷德·怀特黑德曾经说过这样一句话："畏惧错误就是毁灭进步。"的确如此，犹豫不前的原因从表面上看是做不了决定，不想付出。而逻辑深层还藏有恐惧、没有勇气——害怕失败，害怕犯错。因为失败和犯错要承受的代价，远比陷在此刻不痛不痒的环境中要付出更多。

拖延症

人们总说，理想很丰满，现实很骨感。在拖延症开始之前，我们大多都有个十分宏大的目标，随即就开始过度地放大困难，然后把借口完美地和困难衔接。我们还有很多安慰自己的借口：

- 罗马也不是一天建成的，明天再说吧；

- 我太难了；

- 没人能帮助一下，实在做不完。

拖延后随之而来的，就是欠债要还的焦虑感。明明有长达一周的时间去做，却非得挤到最后一晚；明明早就知道了截止时间，到最后却因为拖延而错失良机；明明答应好的上交时间，却一而再再而三地要延期……

说到底，拖延症最需要修正和关注的，不是目标本身，而是时间管理。

当下的我们，多有对电子产品过度依赖和上瘾的问题，如果你也这样，那么可以考虑给自己设置使用时间的限制，或者使用一些辅佐的程序，帮助你提高专注力。

做事没有常性

你知道吗？世界上有 80% 的失败都源于半途而废。也有人表示，很多人无法坚持的原因，很可能是他并没有享受过"坚持"带来的最后喜悦。在此想补充一点的是，喜悦不是快感，并没有那么容易被遗忘和消失。你可能会因为一次欲望满足有非常大的快感，但这种快感会很快消失，而喜悦却不会。它就像一步一个脚印地攀登，你最终站在山脊之巅，放眼望去走过的路程——辛苦、汗水、眼泪都不足以描

述那一刻内心的宁静与祥和。

我不知道你有没有健身的习惯，我的健身教练经常在我趴在地上、不肯做动作耍赖的时候这样鼓励我："关键就是这几十秒的时间，你想要的肌肉正在塑形。"

如果你不能做到长时间、持续性做一件事情，总是半途而废的话，那么可以考虑将任务拆分（chunk down）并尝试多次，10 次不行就20 次，逐步进阶来完成。

还有可能帮助改善"废柴"状态的，就是我们常说的 Peer Pressure——近朱者赤，近墨者黑，找一个有信念的同僚。在我学习 NLP 高阶课程的时候，毕业设计是制订一个计划，先设立目标，然后去找一个模仿的对象，通过他 / 她的故事对我的个人启发，来匹配我设计的思考模式，并协助完成我设置的目标任务。

"有信念的同僚"也是同理，我们需要找到一个榜样，一个有生活目标、积极向上并且能给你"养料"的人去学习、去效仿。没有一种成功是平白无故的，同样走出一个状态，我们也需要尝试不同的努力，从内心和外在两个方面同时来帮助自己改善。

生活可以偶尔漫无目的，但绝不可颓废。

罗曼·罗兰也说过："懒惰是很奇怪的东西，它让你以为那是安逸，是休息，是福气；但实际上它所给你的是无聊，是倦怠，是消沉。"

所以，站起来行动吧！

生活可以偶尔漫无目的，但绝不可颓废。

我是谁

不知道你在人生的某一个阶段，是否对自己有过这样的灵魂拷问：

"我是谁？"

"我在哪儿？"

"我要干什么？"

自从我进了中文系之后，总能在一些文学评论中看到"主体性"这三个字，也就是我们平常生活中所说的"自我"。无论是虚拟的小说还是纪实文学，总会有那么一大批人因为"找不到自我（主体性）"而产生焦虑和对生活麻木，谱写出煎熬的故事。

心理学家时常把主体性和婴儿时期的"主观意图"互相关联。的确，在婴儿时期，一个孩子尚未确立什么是自我的时候，"我"定义的边界是模糊的，"我"又与"我想要达到的"目的相关联。

"我"饿了，但并不知道什么是饥饿，这种饥饿感让"我"觉得不舒服。于是，"我"会哭闹，这样大人就会接收到"我"传递的信号，"我"被喂饱，目的达成。

这时候，"我"的世界 = "我"的感受 + "我"的需求。

20 世纪 90 年代初，有心理学家做过这样的测试：

在几个月大可以坐立的婴儿面前，成人示范者试图将一个圆形的物体（比如小球）放进玻璃罐里，但是并没有成功，在输送的过程中，示范者不小心把球掉到了地上。当他捡起小球，交给婴儿的时候，大部分的婴儿在看到没有成功输送的小球时，却能理解成人示范者的行为意图，并顺利将小球放置在玻璃罐里。

心理学家进一步说明，接收和解析行为是人类与生俱来的技能，而这也同时是人类主体性确立的重要技能。人们通过完成自己想要达到的目的，确立自己的身份。

也就是"我"、什么是"我"与"我"的生活目标相挂钩。并不是你的名字、你此刻从事的工作。"我"是我生活的目的。

我经常会在公众号的后台收到年轻读者们有关"自我"的问题：

我不知道什么才是自己。
芸芸众生中，我找不到属于自己的天地。
我没有自己。
…………

2017 年的暑假，我在新西兰滑雪，每天早上在酒店通往雪场的大巴上总能遇到一个日本老太太。她看起来 60 多岁的模样，每次都是按部就班地排队，和我们一起搭车，再坐最晚一班车回来。几日下来，我在归程的路途中了解到，她已经 64 岁了，儿子和女儿均已成人，有了自己的家庭。她在 60 岁的那年离了婚，现在独身三年，到处旅游。她喜欢滑雪，年轻的时候自己的所有时间和精力都给了孩子和丈夫，现在她想要过舒适、属于自己的生活。

在熟络起来之后，有天我忍不住问："那你现在开心吗？"她说："非常开心，我 61 岁生日的那天才出生，我现在是我自己了。"

"我现在是我自己了。"这句话徘徊在我的脑海里很长一段时间，好像带着颤音似的，久久不能平息。

有几年连续冬天去日本滑雪，也在路上和不少司机聊过日本文化和老年离婚率增长的问题。司机大叔是这样告诉我的，日本契约文化造成了大部分女性在有了孩子之后，即便觉得不快乐，也不会马上离开家庭。大部分的人还是觉得自己身怀责任，并选择忍辱负重地走下去。而到了晚年，就如同工作退休一样，有不少女人选择离开家庭，过单身的生活，回归自我。

那么，这一层的"自我"又是什么

我理解的"自我"或者"属于自我"并不单单是一个人在他人面前呈现的模样，或是客观外在带给这个个体的称号及名利。"我"更是一种组合，我需要完成的人生目标，我的社会任务，以及保持我的状态。一种怡然从容的状态：在这个状态里，我们感觉到快乐、平和、与人有连接感的同时，没有牵强与被动。

给你的人设，不设限

2017 年在上海的私享会上，我曾收到这样的问题："对你来说，什么是生活中最宝贵的？"我连想都没想就脱口而出——"是真爱和自由哇！"当时台下的读者们有的愣了神，有的表示期待着我深度阐述，有的紧蹙双眉表示没那么认同。随后，我又硬生生地说了一句：就是真爱和自由。

那一年，我们的会议主题是"打破一切人设"。刚好那段时间冒出来很多娱乐圈的新闻，什么某好好先生突然被发现金屋藏娇；什么某荧幕夫妻突然离婚；等等。大家议论纷纷之余，一个话题自然地露出水面——人设到底是什么？

可以这么说，大部分的人设都是我们想要别人看到的，我们的样子。比如：一个女强人、一个负责任的丈夫、一个听话孝顺的女儿、一个宝刀未老的奶奶……然而，我们内心深处一定还有一个我们自己已经成为的样子。这时我们在学生时期学到的物理概念就派上用场了，这两个"我"之间的距离越小，你活得就越快乐；相反，这两者之间差距越大，你的内心就越焦虑、越扭曲。

换句简单的话来说，也就是"知行合一"的概念。你成为的与你塑造的，是否如实合一，至关重要。

很难让一个人完全没有自己的人设。我们既然行走在社会中，是融入社会大家庭的一分子，就肯定会有相应的人设。我个人建议不要给自己的人设，设下太多的条条框框。比如，"我就是一个绝对不能服输的人，打死也不能低头那种"。这个我们架在自己肩膀的杠铃，会在很多并非风调雨顺的日子里，逼疯自己。

输了，又能怎么样呢?

一次的失败，并不代表以后都会失败啊。从中总结、学习、吸取教训才是最重要的。

接纳自己，同样是明白"我是谁"的一条真实路径。

我的不可替代性

这个世界上肯定有许多与你同名的人。说不好，还有不止一个与你长相很类似的人。也会有一些人和你的性格有点雷同，还会有许多人和你的人生经历一样。

那么，我们如何成为"自己"，闪耀出自我的光辉呢？

这并不是一句"我就是我，是不一样的烟火"就可以草草完善的。唯有具备不可替代性，体现在工作岗位、学习阶段，甚至是你生活中的每一种关系中，"我"才更具意义。

为什么你的爱人会爱上你？因为你给予他的感觉和爱，他在别人身上感受不到。你不是一个怯怯懦懦、唯命是听、千篇一律的姑娘。那些跑遍半个城、为他做一顿饭的感动，会随着时光逐渐变得暗淡。而你的个性中闪耀着自己的光，你自信、独立、善良、有趣……这是你最吸引人的地方——因为你是你。

多维度感知生活

自我，不代表着"孤立"与"唯我"。许多小读者看到我经常强调个体概念，就以为"孤僻"也是可以被接受的一个自我状态。

然而，并不是。我们行走在生命的漫漫长河里，这一生，说长很长，说短也很短。生活的确时常不尽如人意，但大部分有着烟火气的日子，还是"最抚凡人心"的。我们需要更多维度地去感受生活：

– 与爱人、家人、友人建立联结；

– 热爱生活、感受生活里让你觉得快乐的瞬间，并给予记录；

– 对你不了解的事物，保持学习的能力，不急于评判；

– 与自然接近，保护它。

你会从这些不同的维度里，感受到各式各样的快乐，你也会带给别人快乐。这样，你的世界才会闪烁出七彩鹦鹉螺化石上面那样绚丽又恒久的光。

作为女生，
我干吗感到抱歉？

这些年许多关于女性的话题时常引起大家的热议，我粗略地总结了一下，大概分为这样几类：

①在婚姻中的取舍：全职家庭主妇的职责与自我、结婚、离婚的选择问题；

②不可回避的生理问题：怀孕、生育、生理疾病等；

③"独立女性"的定义：是谁定义了独立女性；

④女性如何在"失衡"的状态中，与自己和解？

我们的时代，日新月异，科技在突飞猛进地发展，物质生活条件逐渐富足。女性在独立自主的思考过程中，越发增长的自我主体认知和对社会地位中自己是否被公平对待产生异议。不可否认的是，在很多家庭里，女性的角色与地位依然是处于劣势的。公然地漫骂与控诉并不会从根本改变现状，我们更需要做的是，从问题中找到适当的出口，从问题的源头看到本质。在自己力所能及的范围内，贡献出些许微薄之力。

首先，我们先来说说未婚女性婚姻选择的问题，经常处理的个案中，大概会分为这么两类：

- 年纪到了，被父母催婚，我们为什么要结婚？
- 无法抗拒对未来婚姻的恐惧。

这两个问题其实可以合并一同讨论，就是我们对婚姻的恐惧，来源于何？结婚之前我们对婚姻的概念又是什么？

未婚女性对婚姻的恐惧大多来源于自己原生家庭潜移默化的影响、社会的负面新闻，以及自己对婚姻状态的了解不足。的确，当代女性逐渐经济独立，许多女性在各个方面已经不需要任何辅助的同时，还十分享受"自我"的生活。你会觉得，婚姻是一件"没必要"的事情。再加上如果女性曾经生长的家庭，父母关系并不融洽，外加社会的一些因素层出不穷地扭曲婚姻关系，就会让你更加望而却步。

虽然很多人认为，经济基础是婚姻的首要前提，但我始终抱着不同的看法。我觉得，婚姻里最重要的就是两个人的认知与价值观，是否愿意合作的意愿。与其面对以后生不如死的不幸婚姻，不如在迈进这道门槛之前先想清楚：

- 在一段婚姻内你想要的是什么？
- 你决定拥有一个什么样的婚姻？
- 为此，你会付出怎样的努力？

这些问题就好比你的船锚一样重要，你决定停船、改变人生状态之前，要找准落脚点并且明白"锚"是属于船只的一部分，而不是一块拖累你的绊脚石。

其次，我们再来看看让已婚女性困扰的问题：

– 婚姻中的困顿感。

– 婚姻里，感到没有自我。

– 产后回归职场问题。

我们先来看看前两个问题，婚姻中的困顿感和失去自我的感觉，在《婚姻的勇气》这本书里，有许多具体案例的分析。如果单独从状态来讲的话，就要回到"归属感"与"价值感"的话题了。很多时候，我们在一段关系中感到不快乐，不完全是因为经历的事情本身给你带来的不悦。更多的，是这个经历给我们带来的感受，让我们对事件中涉及的人，产生自行的解读和想法。比如，老公让你回家路上去物业拿一下快递。这件事情本身没有任何问题。但是，刚巧那天你累了一天，正值生理期心情也不好，刚接了孩子下补习班就收到这样一条短信。这些本身固有的情绪，就会全部聚焦在老公简单的措辞"去物业拿一下快递"这件事情上。

于是，你就会将这个事件解读为——我的婚姻里没有尊重，他就会使唤我干活。

所以，当我们"认为自己受了委屈"或"认为自己没有价值"的时候，解决问题的方法并不是从他人入手，而是先从自己入手。先找到改变自己想法的方式，再去寻找自己在关系中的归属感。

婚姻是一个充满交集的关系，将个人抽离的剥离论是不成立的。两人唯有合作与并行，才能走得更长、更远。

我们再来看产后回归职场问题，最大的问题就是沟通。

在重回职场之前和工作岗位的领导沟通是一方面，更重要的一方面，是和家人的沟通。这里就涉及几层关系：和伴侣的沟通，比如共同分担生活任务的责任、时间分配；和孩子的沟通，母亲的陪伴时间会少，孩子需要逐渐培养自主独立；隔代沟通，在需要父母帮忙照顾孩子的家庭，大家的共同分担；等等。

当然，现阶段仍存在对女性产后回归职场后不平等的待遇及现象，这个时候，切勿盲目焦虑，或者受他人影响。有些事情可以不用操之过急，做好对生活重要性的衡量，与家人商量，一步步来。

最后还有不可回避的生理问题。

我为何强调问题的"不可回避"性？其实就是在强调问题的本质：无论你喜欢与不喜欢，乐意与不乐意。有性行为后就会有怀孕的可能性，是我们无法避开的生理现象和责任。怀孕后要面对一个生命的出生，及因个人身体特殊情况产生的生理问题，都是完全无法逃避的，唯有认真面对。

独立女性的定义与"需求"

当我 20 岁的时候第一次看到这个词，感觉振奋不已：独立女性！当我 30 岁的时候，再看到这个词，不禁引发了自己的疑问：是谁定义的独立女性？是谁在"独立女性"的概念里，安上了那么多冠冕堂皇的桂冠——经济独立、情感独立、生活自理……而那些照顾家庭与孩子的女性们一下就被扫地出局，电视剧里看到的职场女精英们脱颖而出。

真正的独立，仅是一种个人状态。无论你是全职家庭主妇，还是刚毕业在找工作的学生，是在职场中奋斗的小白，或是逐步退出职场舞台的人。这都不是关键，重要的是，你有独立的意识，知道在这个世界上，让你快乐、悲伤的负责人，都是你自己。你对自己的健康负责，为自己的情绪找到出口，学会疼爱自己。在生活中有付出，在经历中有收获。

接下来，我们说说有关和解的问题。

洋洋洒洒地就写了这么多，有关和解问题的关键来自你思考方式的基底：

–What makes you — YOU？ 是什么造就了你？是什么决定了你是你？

一般来说，我们早期对个人身份的概念多来源于父母及原生家庭的生长环境。我们被潜移默化和灌输的观念是：女生应该是温柔贤良的，做女人要体贴……也有的家庭环境中，母亲是典型的新独立女性，那你可能听闻更多的，是要独立自主，靠自己，等等。

之后我们会在成长的过程中塑造自己，我们接受的外界的信息，那些杂志上、新闻里的时尚女星，让我们对完美的个人形象有着极度的渴望，相较于自己本身，你可能会有深度的渴望过程，或者，相应的调整。

再来就是亲密关系，女生们通过亲密关系中的角色，稳固与加深对自己的定义。我们逐渐走上社会，这时候我们对自己的条条框框设定已被修改多次，我们开始带着芥蒂，我们有更多的渴望，我们更是一个"需要与众不同"的那个我。

再加上外界对一个女性的要求，这些框架上，就越来越承载了不可言喻的重量。

看着此刻一路走来的你，告诉自己：

– 我是独一无二的；

– 我不用总对别人感到抱歉；

– 做过的事情，我可以改正，但是我不后悔；

– 达不到的事情，我会努力，但是不强硬要求。

作为女生，我们没有什么好抱歉的。感谢我们能来到这个世界，感受美好和悲伤。

愿你在一切的关系里，
分寸相当，从容不迫。

这个不是我的！

这一两年大家都多了个习惯——戴口罩。习惯性地戴口罩，就像出门要穿鞋一样逐渐融入了我们的日常生活。前几天，我在出租车站遇到这样一个场景：排队的人站得还算疏离，有个被人扔在地上的医用口罩横在人与人之间。这个横躺在那里的口罩，的确引来众人些许的不适，但是没有一个人动。有个排队的年轻人，可能因为他人异样的眼光忍不住说了一句"这不是我的！"说罢之后，大家各自低头摆弄自己的手机，横在那里的口罩形同空气，无人问津。

排在队尾的我，也没能有勇气冲上前去，把这"不是我的口罩"在众目睽睽之下捡起来扔进垃圾桶。

以前在一个国际学校做暑期代课老师的时候，有次午饭时间，食堂给每个孩子派发一包果汁糖。我代课的二年级学生们欢欣雀跃地领了糖果之后在食堂就地拆包，纷纷地吃了起来。有几个学生随手把包装扔在了桌子上。我走过去提示他们：

"Do you mind picking up your garbage？（你介意捡起来这个垃圾吗？）"

"That wasn't mine！（这包不是我扔的！）"

我们从出生到逐渐长成，这一路在集体的环境中偶尔弱化个体的存在。而人类与生俱来的自我与自私时常随着年纪的增长，在被掩盖、被忽略的过程中逐渐反向强化。

"不是我的"这句话在我们生活中不同场合都可以帮我们瞬间推开责任，它就好像一条即刻显影的红色三八线一样，在你说出这句话的时候，你已经将自己置身事外了。

而这条三八线，是什么呢？是我们与他人相处的一种"恰到好处"吗？当然不是。在大多情况下，这是一堵隐形的玻璃墙，在我们与他人之间竖起一道看不见的屏障。

在那个当下，我们保护自己的方式，就是"自我化"。自我化是一种以过度自我为中心的意识行为，它拒绝与他人的交集和连接。比如在小组工作中不愿意合作，不认可他人工作成果，认为只有自己才是优秀的人；又比如在工作、生活和情感中遇到问题从来不与他人分享和沟通，也不寻求任何帮助的人。

这些都是自我化，他们的世界是以"我"为中心的，不属于我分内的事情我不做，我会吃亏的；而别人的事情也与我无关，唯有我的成功感与优越感，才有意义。

练习增加"一点点"行为：

在个体心理学的学习中我们知道，阿德勒与德雷克斯都十分强调"社会情怀"这个概念：

之前提及过的，人生的三大任务：与社会的关系、朋友的关系、我们的亲密关系，在此不赘。生命的意义，正是人与人之间交往的过程中的经历带给我们的。

这些经历，包括社会情怀。什么是社会情怀？简单地说，就是通过聆听、共情、奉献与合作找到自己"实在"的生命意义。学会与他人共享，学会克服内心"这不是我的"这种想法而带来的"自我化"。付出"超越我分外"的事情里，找到在付出的同时感受到的自我价值。阿德勒认为，社会情怀是可以培养的一种技能，"用眼睛去看，用耳朵去听，用心去感受"。

这里所说的克服，并不是"去我化"，将我变成一个不重要的人。"我"依然是重要的，我与自己的关系，依然是任何关系的必要条件。然而，克服正是我们做出了一点点改变，是超越我们概念中"理应"的一点点行为。

比如：

– 今天老公下班早，应该是他负责接孩子并准备晚餐。但我公司
这边，刚好提前完事了，这空出来的一点点时间，我可以做些什么呢？

– 自己分内的工作任务完成，同组的同事还在完成最后的打磨，
我完全可以先离开，然后他来收尾。还是说我也留下，看看可否帮忙
打印或一起完善得更好一些？

– 进电梯刚要关门的时候听到一个声音说"等一下！"我也着急
上楼，这时候完全可以按住关门键不用等候。还是说，等待一下同样
和我着急上楼的人？

– 公司的阿姨有的时候会把快递的那些纸箱卖掉，我的同事经常
拆了快递之后把纸箱放在桌子下面给她留着。我是觉得很麻烦也不关
我的事……

你会发现，这"一点点"里面，是一次善举、一次关爱、一次体谅，
它可以架起你与整个世界的桥梁。

更典型的例子，好比我们中国这次在如此迅猛的疫情下，为什么
可以在这么快的时间内将疫情控制住？这并不仅仅是及时有效的政策
处理。更多的是作为中国公民的自觉性和义务性，我们做到了超越分
内的"一点点"部分，找到了自己的社会情怀。

就拿"建议就地过年"这件事来说,虽然是政府及卫生部门的建议,但 2021 年的春节我周围的的确确有许多人"响应"了这个号召,决定不在这个时候给他人带来不必要的麻烦。这一点在许多老外看来,是一件特别不能理解的事情。凭什么你说我就要听!过年回家不是我自己的事情吗?

其实,这和"不是我的"是同出一辙的情绪。

当自私的"我"冲上脑的时候,不是我的事情我不想管;跟我有关的应该放在第一位。而在行使公民责任的时候,人们会感受到一种庄重的使命感,这种使命感等同于社会情怀中的贡献与共情。我们在牺牲个人时间与私念的同时,给予他人更大的关怀与爱护,同时,自己也在快乐着。

母胎 solo
怎么回事？

听说"母胎 solo"这个词最早源于韩国，现在这个词变成了网络红词，即是说一个人从出生到现今，没有谈过恋爱。

随着人们有性生活的年纪逐渐年轻化，母胎 solo 的年龄层反而随之递增。有社会学者认为，因为当代年轻人就业困难，大部分学生并不是大学毕业以后马上就进入社会，在学校的时间有所延长，从另外一个角度来说，这些母胎 solo 人士的被保护期顺向延长，面向社会的时间被延后。

网络上有很多形形色色的市场调查，有调查结果说新一代的年轻人越来越"社恐"。连与人接触都变成一种负担，更不要说接触异性去谈恋爱了。

香港地区有家"一兰拉面"，许多单身男女都慕名而来：这是一家让你从点单到结账，完全不需要接触任何人的拉面馆。此面馆从开张便火爆到备受关注，引起了很多社会上的热议，吃饭不是我们中国人专门用来建立感情的时间吗？我们不再需要交流了吗？那么，我们还需要另一半吗？一个人过日子，是会上瘾的！

小的时候总听老一辈人说，伴侣是"老来为伴"的。而在今天，如果我们不再需要陪伴，反而有个人在身边还会感到负担，那还有必要再去找个人"执子之手，与子偕老"吗？

　　国内的脱口秀节目也曾就这个议题展开了非常激烈的争辩——母胎 solo 到底是谁的错？

　　我认为，关于一个已经发生的社会现象，一味追求对错或责任都没有任何意义。关键在于：问题的根源在哪里？我们如何在不强加于他人思想之上的前提下，引导其积极发展？我们又如何两面地去考证一个问题？

　　我找过一些母胎 solo 的人士，年纪 21~33 岁。以下是他们内心的声音。

找不到合适的

　　我姥姥老跟我说，让我别太挑。可什么是挑？那些门当户对的条件并不是我提出来的，都是父母长辈一直念叨的，我只不过想找一个说话投机、互相理解的人，可真的太难了。

不想委屈自己

我妈老跟我说,你现在雄赳赳的是因为你年轻,以后老了怎么办?病了谁照顾你,万一有个三长两短,没儿没女没伴侣,自己孤老终生吗?

如果找伴侣都是奔着找一个老了去照顾你的人,这不就是找生活保姆吗?那他照顾我,我不也得照顾他吗?一个人的晚年,真就那么不堪吗?我不想伺候别人。

年纪大了,不想谈了

小的时候家里看得太紧,如果和男生一同回家在楼下被看见了,到家都会被盘问半天。家里人又老说不能早恋,不能耽误学习。到了大学该谈恋爱的年纪,又告诉我要眼光高一点,别让人占了便宜。所以我心里一直对情感关系有疙瘩,不知道该怎么做。现在30多岁了,反而觉得释怀了,干吗要为找个人而找个人呢?青春期蠢蠢欲动的年纪早已经过了。

不渴望是假的

这一路一直在上学,看着自己的发小、同学、一起实习的同事陆陆续续地谈恋爱、结婚,心里也挺不是滋味。怎么可能不羡慕呢?从小到大追了那么多的韩剧，什么摸头杀、壁咚，这些流程都已滚瓜烂熟，自己没经历过罢了。

有时候，晚上一个人看夜场电影也觉得很寂寞，前面的情侣卿卿我我，连咬爆米花的声音都那么刺耳。

无缝插针

这个年纪谈恋爱，总觉得会很尴尬。你说我该找个什么样的人？找阅历很深、久经情场的吗？那我该怎么应付？找跟我一样也是母胎solo首次脱单的？恐怕也只能是不欢而散吧。甚至有时候，去那种父母安排的相亲饭局，介绍的阿姨还会特别嘱咐上一句"也别说太多，犯不上跟人家说你没处过朋友"。那我不说，这不是骗人家吗？我说了，人家还愿意和我好吗？

我就不相信爱情

从小我爸妈就当着我面吵架。我妈老是告诉我，如果不是为了我，她早就和我爸离婚了。我觉得他们不幸福却又非得在一起耗着。我不想要这样的生活，为了找个人过日子而结婚。我觉得婚姻大多都是不幸的，要不也不会有那句"婚姻是爱情的坟墓"这句话出来。我不相信有什么感情，可以长长久久，何必耽误彼此的时间呢？

母胎 solo 人士的独白大致如此。那么，我们在知道问题的源头之后，又该做些什么呢？

这六个理由看似毫无关系，却也有着一些共同之处。说到底，大家多多少少都带着一些内心的恐惧，我们也不乏从中看出类似这样的信息："我不敢迈出此刻的舒适空间""我怕失败""我不喜欢别人评判的眼光""我不知道该怎么做""我很寂寞""我不想暴露自己"等。

这些恐惧，才是我们行动的绊脚石。因为不知道怎么办，怕别人笑话，所以根本没有勇气去尝试。我们不妨考虑用 coaching（教练技术）的方法去拆解内心的这个恐惧：

– 我最害怕的原因是什么？
我怕遇到渣男。
– 遇到渣男会怎么样？
他会伤害我，我会受伤，我会伤心，我们会分手。
– 如果你们分手，这对你来说又意味着什么？
意味着我是一个失败的人。

是的，我们一路追问内心的恐惧，知道问题根源的最底层——我对失败的恐惧。

然后这个时候，就可以考虑使用换框思考的方法了。如何去改变这个"如果恋爱失败受了伤，我就是个失败的人"的想法。要知道，我们的思考方式决定了我们的行为模式。这些固执的思考方式就像方程式一样，是可以改写的：

- 如果不遇到渣男，你会怎么样？
- 你们分手你会获得什么？
- 有一次恋爱经验的尝试，你又会获得什么？

从换框思考的方式入手，看看自己给出的新答案会不会构成新的思考模式。

同样的一件事情，金属框架和木质框架的效果可能截然不同。更重要的是，因为想法的改变你根深蒂固的屏障也许也会一同拆下，生活也会变得不同起来。

每个人都有恋爱的能力与机会，愿你们有机会去感受爱情里的辛辣与酸甜。

如恋爱失败受了伤，是一种失败吗？

我真的社恐

这几年电子产品的加速扩张，让当代年轻人频繁地迎来层出不穷的挑战。"朋友"的定义变得广泛且虚化：不再需要见面，表情包可以代替说话，"扫码"即来，"拉黑"即去。

这些快捷的社交渠道，让我们能以最快的速度联系上一个前一秒还完全不相关的陌生人，也与此同时阻碍了我们与他人之间深入了解的可能性。

人们在可以看到对方、面对面的交往中，很容易架构起"连接"（connection），这种连接是彼此可以感知到的：对方微笑的眼神里传递的喜爱，你在惊慌失措擦汗中表现的紧张。这种感知，让我们在接触中，自然地感觉到亲近或者疏远，快乐或者悲伤。

但是隔着屏幕却未必如此，我们装了一肚子想说的话，却只发出去一个的笑脸。对方看了我们的表情包感到毫无回复的意义。于是在双方错位理解的情况下，很多时候会在沟通中产生误会。

我们都经历过"隔着屏幕的猜想"和"握着手机的等待"这种感受吧？当我们的情绪充斥在胸膛，面对着冰冷的屏幕，似乎语言也显得苍白无力。回复复杂的长句子显得太装腔作势，回复得太短又好似太过生硬疏离。太多的人在相处中感到越发疲惫，大家在"猜想"的过程中，逐渐败下阵来。

于是，我们在生活中频繁地听到"社恐""焦虑""迷失""心盲"等前所未有的词语。还有这些对白：

- 不去了行吗？人太多，我真的社恐。
- 非得打电话吗？微信里说不行吗？
- 能不能你和他联系呀，我不想和陌生人说话。
- 在商场遇到熟人，很想躲过去不要打招呼。
- 每次公司年会，前一天晚上就会失眠，脑子里不停地预演第二天的场景。

在这些场景中，与他人的接触变成了一件让人恐惧的事。那么，什么是社恐？

社交恐惧症，简称社恐，是神经症的一个分支。除遗传因素之外，大部分的社恐源于心理因素，很多早期的心理学家将之与条件反射理论相结合，认为社恐的持续存在是因为焦虑情绪的反复出现而逐渐恶化的病症。

社恐的诱因有许多，临床症状也十分明显，其实就是我们平日说

的"基本焦虑临床症状"：

一般没有特别固定的诱因，仅仅因为害怕在众人面前被关注。比较常见的：身体会感到僵硬、不自然（比如手心暴汗、不敢抬头、心跳加快、头部眩晕、面红耳赤、尿频、四肢颤抖等）。社恐人士无法做到与人对视，抗拒公开性的表达。

社恐的对象不一定是陌生人，异性比例占大多数，更多的是比自己"身份高一些"的人：诸如父母、师长、领导等。

而我们生活中大多数人，其实并没有持续性地经历过这些不可能的临床症状。有时候，该做的时候依然会去执行，甚至做得还不错，不过是说自己社恐而已。说出这句话的自己，也不是"恐"（Phobia），而是一种"不情愿"（Reluctant）和自我保护（Self-protection）：

- 我们不想去面对、解决和父母之间沟通的僵局；
- 我们在接触的过程中，自尊心受到了挫伤；
- 我们感到不被尊重；
- 我们不愿意去主动尝试人与人之间的沟通；
- 我们不想挑战；
- 我们在"自己"的舒适范围里。

于是，我们轻松地说出了"我社恐"这样的话，顺利将自己的责任推脱，这是可能性之一。还有一种情况，"觉得自己社恐"的人，非但不是社交恐惧症，他们反而更期待且需要人际关系中的沟通与连接。因为在交往过程中，给自己施加的过度压力和小心翼翼行为带来的不必要消耗，让他们产生了疲惫感，或者是期待感不能被满足后的极度失望。

那么此刻你更需要的，是建立起真实感和信任感的同时，不再逃避：

– 保持你认为舒适的朋友圈。

用心维护好你现有的"信任圈子"（Trust Circle），在维护的过程中，逐渐表达自己。

– 在"硬着头皮"去做的场域里，找到可以信赖的关系。

在那些不可避免的工作场合，依然可以找到你的同类，和你一样紧张内敛的人。

– 不刻意勉强自己去社交。

那些你觉得花费很多时间又感到不适的社交，自己需要强颜欢笑地去应付他人的人生观和生活做法的场合，不勉强自己参与。

– 减少关系中的"依附感"。

生活出现问题，先尝试着自己分析和解决，不要第一时间就抛给那个"懂你的人"。

– 不要关闭你的感知。

学着使用你的五感去体验生活，用眼睛仔细观察，用耳朵用心听，用心去感受，用鼻子使劲儿呼吸，用嘴巴去品尝生活带给你所有美好的瞬间。

– 相信你并不是孤单的。

哪怕家人和爱人不在身边，或者你现在还没有亲密关系。哪怕你在一个陌生的城市工作生活，尚未建立自己的关系网络。你的感受也是许多人的感受，不必害怕慌张。

但是，如果你频繁出现以下的症状：

– 无法安静地坐下来，在电影院的密闭环境里无法看一部完整的电影；

– 在电影散场人群疏散的时候，感到异常不安、失控；

– 无预兆地反复出现以下生理反应：手心暴汗、不敢抬头、心跳加快、头部眩晕、面红耳赤、尿频、四肢颤抖；

– 明明知道自己的恐惧没有必要，但始终无法控制、频繁出现；

– 这些症状导致身心难过，非常痛苦并且有寻觅其他事物依赖的欲望（比如饮酒等）。

那么，你可能的确是在经历着社恐。该怎么办呢？一般来说，社恐除非常严重的程度之外，大多不需要用药，即便精神科医生提供药品，也大多是治疗焦虑症的药物。我们真正要克服的，是自己的心魔。

首先，你要知道的是恐惧是正常的。我们在面对一些自己不情愿去处理的场合中产生心理不适感，是不需要觉得羞耻的。

其次，并不是每个人都擅长社交，这不是你懦弱无能的表现，无须为此感到自卑。每个人面对这个世界的沟通方式和表达方式不同，仅此而已。

再次，如果这些感受严重影响到你的生活和与人相处的关系，需要咨询专业人士进行行为治疗。

最后，具备勇气。勇气是一种不被恐惧所驾驭的能力。面对恐惧我们不用去消灭它或者声东击西地掩盖，我们只需要深呼吸，抬起头，去面对。

恐惧是正常的。

一切从你开始

2019 年，在我心目中两个性子特别烈、极度恐婚的姑娘分别带来她们要结婚的喜讯。我当时简直愣住了——这得是分量多重的真爱，才能有如此的力量啊！如今三年过去，两位在婚礼上喝到断片儿的新娘子纷纷做了母亲，真是可喜可贺。

姑娘 1，每一场恋爱都爱得轰轰烈烈，散得肝肠寸断。有年她和男朋友分手后，休了两个月的假，生无可恋地把过胸鬓发剪成了板寸，去尼泊尔走了一圈 ABC 大环线，晒得一脸高原红开心地回来。回来后我们的第一顿酒，她说："我想我以后都不会再爱了。"

姑娘 2，天生丽质的美人坯子，特别聪颖，曾经爱情长跑 7 年半，那个长得像木村拓哉的男人被她宠上了天，还把姑娘成功锻炼成了一位钢铁女强人。"木村男"辞了工作，整天无所事事地在家打游戏。分手的时候他说自己从未感到过幸福，还狠敲了一笔分手费。后来这位先生还真娶了一个日本姑娘，育有二女。自己也跑出来创业了，也完全有能力养家糊口。姑娘 2 知道这个消息之后，在我怀里哭得一把鼻涕一把泪的。她说："倾尽所有爱一个人，太累了。"

她们两个的婚礼我都参加了，也都不出意外地哭成了泪人。我想起那些我们的夜夜笙歌，也想起这两位曾经对酒当歌时，在我面前的信誓旦旦：

人生啊，绝对不能让一个男人牵绊住！

婚姻，绝对不考虑！这都是坑！

爱情根本就是一派胡言！我已经过了那个年纪了！

你认真，你就输了！

以前我总说，这一生啊，我们也许不止爱一次。在生活的路上，在爱情的长河里，我们也许会不断跌倒，甚至被一冲到底，才发现自己还没来得及学会游泳。所以就此放弃学游泳的机会吗？显然不是。

为时尚早

我们经常在一段关系受挫后，再次开始一段新的关系之前，给自己建立一堵围墙。甚至在还未开启旅程之前，就先"把丑话说在前面"。自以为这样建起的屏障，能掩盖自己对新恋情感到不能胜任的心虚感。的确，如果你只开一个门缝，阳光依然会照进来，但只露出一个缝隙和敞开整扇门的效果，却是截然不同的。

每个人都有自己的感知，当你隐藏着自己的内心，对对方和你们的爱情充满了困惑和质疑，他 / 她会感受不到吗？

当我们不能胜任一段感情的时候，就先不要开始。如果囫囵吞枣地开始，在过程中仍旧走不出过去的牵绊，犹豫、多虑、心急、纠结……岂不是更伤人伤己？

如果开始爱，请一切从头开始。

复原力

在当今这个社会上行走，复原力堪比一种难得的竞争力。不单在情感中，在工作、在生活中，我们如果总因为一件事情不尽如人意而绝望崩盘，那么后面的路又该多么难走。

前段时间看了一部电影，关于鼓手失聪的故事。鼓手失聪后第一次就医，医生告诉他，你现在需要做的，并不是把失去的找回来，因为失去的听力能力是不可修复的。而是想办法最大限度地保存残余的听觉。但是他完全无法接受这一事实，在聋哑人社区中心住了一段时间之后，仍然选择倾家荡产去做手术。做完耳蜗植入手术之后他发现，那个可以听到的世界，并不是他记忆中的那个世界。原来，他真的回不到原点了。

举这个例子主要是想说明，真正的复原力，不是把残破的东西一一粘好，期待产生"破镜重圆"。人生这一路，我们会经历各种裂缝的可能性，<mark>复原力是我们接受这些裂缝发生的事实同时，具备腾空翻越的能力。</mark>并不是停留在原点找来泥浆各种修修补补，停滞不前。

亲密关系亦是如此，当我们开启了新的恋爱旅程，就不要活在旧关系的阴影中缝补与衡量。一切重新开始！

无条件信任

想象你手中抱着一个一岁多的婴儿，你将他微微抛高，很多时候婴儿都会被这种突然失重的感觉逗得开怀大笑，发出非常清脆爽朗的笑声。他不会担心万一你伸手接不住，他会不会掉在地上。

你可能会说，因为婴儿太小，还没有感知危险的能力。这并不完全正确，婴儿对危险和不安全感的感知，往往比我们想象得要敏感和早得多。那么，他为什么会在被抛起、悬在空中的那几秒对着你笑呢？因为在潜意识中，他知道这个人张开的双手会稳稳接住他。

这就是无条件的信任。

在家长培训课程中，我们总强调对于说谎的儿童，家长反而更加需要强调信任。你明明知道他犯了错误、说了谎话。但这个行为背后的目的往往是因为"害怕被骂""怕被指责"。所以如果只是一味劈头盖脸地埋怨孩子，他的说谎行为并不会改善，而且反抗心理还会越来

越强，甚至会升级为抵触行为。

在亲密关系中也是如此，总能听到很多人在关系出了问题的时候说："他／她就是个不值得信任的人！""从一开始我就觉得不对劲！""我就不应该相信你！"我们都知道，在工作中"疑人不用，用人不疑"的道理——既然你感觉到怀疑，那么趁早说出自己的疑虑；如果你决定把这个人安排在这个岗位上，那么就要给予他信任，相信他的能力，对不对？

恋爱也是同理呀，既然你喜欢一个人，决定和这个人步入感情的关系，那么就决定去相信他！这同时也是对自己的放权与信任。怀疑与猜忌是一件非常辛苦的事情，就好像我们背在书包里的烂土豆一样。又有谁愿意天天背着这样的不安呢？

当你爱上他／她，当你放下曾经的伤感与困惑，步入人生的下一阶段。告诉自己，也告诉你对面的他／她：一切从你开始。

那突如其来的
焦虑感啊

焦虑，似乎成为当代人生活中的家常便饭。学业、事业、家庭……焦虑总是从四面八方一拥而上地袭来，从来都让我们猝不及防。久而久之，人们的口头禅都变成与焦虑挂钩的表达："我感到很焦虑。"还有的时候，焦虑控制了我们的身体：失眠、心跳急促、窒息感、手出汗、没胃口、暴饮暴食、酗酒……

什么是焦虑？焦虑到底是怎样一种感觉？它真的是一种病吗？

焦虑，本身是因担忧引起的一种烦躁情绪，比如考试之前的紧张、亲人出远门的担心、工作调配的顾虑等。一般与事件相关，也就是说，等亲人安全到达目的地之后，等考试完结之后，等工作调配结束之后，这种感觉会自然消解。焦虑的本身，是人类非常正常的情绪和心理反应。

但是，如果一个人长时间处在一种焦虑的状态中，出现超过一个月以上的睡眠作息紊乱，频繁无预警地狂躁不安等现象时，那就需要关注了。焦虑症，是一种需要被意识到并且急需被关注的心理紊乱症状。我一般不特别称它为疾病。当我们说到"病"，当人们想到"病"，这同样会给本身在焦虑状态的人再度加码，雪上加霜。

我们每个人在人生的不同阶段和不同年纪，或多或少都会经历焦虑的感觉，产生因焦虑而引起的生理症状。比如非常典型的，很多人在长时间承受压力、作息不规律的状态下，会突然以为自己心脏出了毛病。他们频繁地感到胸闷、气短甚至胸口有一紧一紧的窒息感，不能均匀地呼吸。还有些人的焦虑症状体现在消化系统上，比如腹泻、腹痛、恶心、反胃等。而最常见的一种，就是失眠。

失眠和焦虑简直是一对互相拖后腿的难兄难弟：失眠会让人变得更加焦虑，而更加焦虑又会让身体的其他地方感到更加不舒服，同时加剧失眠症状。

有个女性朋友说，有天晚上她想到自己作为独生子女的压力感，父母逐渐衰老，自己尚未成家。别说成家，就连工作都摇摇欲坠。想到父母即将面临老年性的疾病，也不知道自己在经济上能支持多少，想着想着，就进入一种极大的窒息感和悲哀，整夜辗转未眠。第二天，她强努着起床，靠咖啡撑着，咖啡喝得太多，心跳快得不行，手还会微微颤抖。当天的工作处理得一塌糊涂，被老板批评之后，腿软得像踩棉花一样坐回了座位，那个小小的工作台上堆满了待处理的文件，她倍感疲倦，又同时陷入任务无法完成的担忧中。

这只是生活中一个非常常见的"自寻类"的焦虑状况，而造成焦虑的同时还会伴随一些客观原因：突然的交通堵塞、飞机晚点、客户毁约、父母抱恙、孩子突然受伤等。

我们看到市面上各种心理类的书籍，寻找焦虑的源头（多从原生家庭谈起）、我们如何调整自己生活、如何放松、如何告别焦虑。各人有各人的方法，各人有各人的角度。我身边也有很多时常进入焦虑状态的人，他们最常说的就是：

– 我控制不了自己的情绪；
– 我做不到；
– 我怎么做，都做不好。

我控制不了的，是我的情绪，当那种突然攻心的压迫感来临，我连呼吸都感到困难的时候，你告诉我"告别焦虑"？

正是我现在的生活让我无能为力，我什么都做不到，我感到无力。

我做不好。我接受自己的平凡啊，接受的同时那就是被人踩着上，人人都比我强，我感到自己一无是处。

我们感到焦虑的那些瞬间里，"我"都是无力的。我做不好，我控制不了，我做不到。而对应于"我"的无力，外面的世界是有力量的，是周边的人、是生活、是环境让我如此痛苦。但是，想想在你的人生里，有什么，是你真正能够把控的呢？唯有你自己了吧。

我想告诉你的，不是告别焦虑。焦虑并不是病，是我们正常的情绪反应，我们只需要更好地和它相处。如何相处呢？

首先，你要明白你不是救世主。

请务必时刻提醒自己不要陷入这种盲目地自我挖坑，或自我感动的救世主角色中。很多人深陷痛苦虐心的恋爱关系，他们带着一种"救世主"的情结：没有我他怎么办？你不知道，她自己根本照顾不了自己！我还不是觉得她太可怜⋯⋯

我曾在一次话题分享会中，把生活的所有"焦虑因子"仅仅分为两级：

第一，与生死相关的：这件事涉及生命，必须博得你的焦虑；
第二，一切与生死无关的事。

当你生活中遇到让你非常撺火、产生急躁的"突发事件"时，先停一停，想一想，这是与生命相关的吗？如果仅仅是电费没交、孩子没完成功课、老公没有秒回你的信息、婆婆的一句怨怼、老板的不重视、同事的加薪⋯⋯这些，是不是都不会涉及生死？

那么就请降低你的焦虑程度，将之分类为第二级。

无论是伴侣、父母还是工作，他们都是独立的个体。当然，父母在年迈之时，我们需要给予尽可能多的情感关怀和实质性的陪伴。但除此之外在其他关系中，你一个人不需要过分逞强去撑起别人的天地，也不需要将他人的责任留给自己。

其次，放下那个"两面派"的自己。

我曾经有个线下活动，主题是"人设"——你在塑造着什么样的自己？你期待别人眼里的你，是如何的你？你塑造的你和现实中的你，有差距吗？

这个中间的差距，很多时候就是造成你焦虑的元凶：

- 我是工薪阶层的实习生啊，可和他出去约会还是想拿个像样点的好包，就忍痛花了两万多元买了个包。
- 他应该是因为我的样子才喜欢我的吧？每次见他之前，我都化两个多小时的妆。
- 他如果知道我其实连大学都没有读完，会不会很看不起我？
- 如果我内心胆小又怯懦，根本不是她心目中放荡不羁又潇洒的那种男人，她还会爱我吗？

有的时候，我们为了"投其所好"，在自己身上，披上了一层华而不实的"羊皮"。这每一步我们都走在胆战心惊中，每一次的破绽都带来更深一个层次的焦虑。

放下你背负在身上又累又疲倦的那张面孔吧，做自己。

最后，保持运动。

生活是什么呢？就是你在一个轨道上不停错位，然后时时进行调整，再挺起胸继续走下去。运动后人体分泌的多巴胺，会让我们感到快乐、兴奋同时保持健康的体魄。

善待自己，吃好吃的食物，有空去看电影，睡安稳的觉，疼想疼的人。全力以赴，毫不懈怠，不留遗憾。

焦虑并不是病，是我们正常的情绪反应，
我们只需要更好地和它相处。

是我不配还是
运气太差？

我做咨询的时候遇到过这样一个女孩，她说，我的情感运势好像一直很差，总是不停地遇到渣男。然后她分享了近八任男友从相爱、相处到分手的故事，每一次都以为是终点了，结果还是以相似的结果收尾。她甚至说，有考虑过求神拜佛，看看能不能去去晦气。

有关情感运势呀，我们平日闲来无聊的时候看看星座分析、玩玩塔罗牌、算算属相匹配程度，时不时地能带来一些渺茫的希望或更深的失望。也有的人会更加悲观地说："也许，我不配拥有爱情。"

"不配"对应的是"配"。这里，我就要仔细地来分析一下当事人说话的语境——你指的"匹配"又是什么？

- 是财力、物力、人力上的匹配？
- 还是身高、长相上的登对？
- 又或者是沟通与学识上的对味儿？
- 再或者是，你一直期待着，命运能给你"更好一些"的安排？

当然一个人的机缘也与他的生活经历、所处环境和性格息息相关。

抛开客观因素，我们今天仅仅关注个人的部分。

举个例子，比如给你安排 A、B、C 三款男士，他们无论长相还是学历，家庭背景或是工作环境，个人爱好和身体状况都非常类似。他们还有一个特别大的共同之处——普通。没有一个男士与你内心曾经勾勒出的白马王子、理想男友有半点接近，完全不符合你期待的样子。结果当然是你感到非常不满，想结束这段关系。就是说，选择 A 或者选择 C，没有本质上的区别。

那么在这个情况里，无论你的"运气"让你遇到了谁，结果其实都是一样的。因为你在接纳他们之前，其实脑子里已经有了一套固定的思考模式。就好像我们小时候在公园玩的"套圈"游戏一样，你遇到的 A、B、C，就是你手中的塑料圈，你用对他们的感受来套取想要的娃娃（你理想中人），大多数的娃娃要比塑料圈体积要大很多，当然是套不中的。可想而知，你遇到的男士，都会在过程中碰壁出局。

通常来说，我们很愿意结识和自己相似的人，彼此容易互相吸引。但大多数的关系中，这样的"雷同配对"还会有另外一个趋势，就是相处几年后，你感到对方身上满是缺点，自己也开始诧异当年为什么会爱上这样的人。这时候那些相似之处几乎被弱化得看不见，而缺点与不满才是生活的重点。

这又是为什么呢？

相处模式再考证

因为恋爱带给我们的快感与新鲜感很容易一下子就降温了。而人类特有的"挑错"模式这时候就会开始启动。如果我给你一幅画，让你说出它的优点，你可能一下子说不上来；但是如果我让你指出它的不足，你可能不需要太多时间，就可以完成任务。

因为我们每个人仿佛都更容易发觉一个人的缺点，而不是对方的优点。尤其在相处模式不恰当的时候，这些缺点就好像落在有色颜料上的水晶一样，让这些本身刺眼的颜色，无限扩大。

其实相处就好像运营一家公司，你一直不解为什么它不能盈利、始终亏损，为什么更新了品类还是没有客人购买。这个时候就要看看这家公司是否出现了最基础的经营机制的问题。如果你遇到的每一个人，都像上一个一样"渣"，那其实和货架上的货物换汤不换药的模式是一样的，不是人的问题，也许是你自己选择与相处模式的问题。

跳出你的城池

上面提到的选择问题，你有没有特别留意过自己？

– 在选择另一半的时候，他们吸引你的共同点在哪里？

– 你可能因为他们吸引你的原因，在相处的过程中做出一些自己不情愿的退让吗？

– 你认为他们"渣"的地方又在哪里？

– 你与他们相处的时候，是否用过类似的沟通方式？

– 你在生活中，有没有自己的底线？

– 与你相处的人是否知道你的底线？

– 当对方逾越了你的底线的时候，你的反应又是如何？

– 你们有没有坐下来认真地沟通过彼此之间的芥蒂？

你会在梳理这些问题的时候，意识到也许你从来没有告诉过对方，什么是逾越自己底线的事情？以至对方很可能无意识地一直在挑战你的底线，或者有意识地侵蚀你的自我。在两个人的相处中，最忌讳的就是含含糊糊，你觉得通过一次半次的争吵，对方就能明白你的心，那就真的大错特错了。

为什么跳格子游戏都会划分出一个明显的界线？因为信条与底线这些事情，就是需要被明确放置在台面上的。你唯有讲清楚、说明白，对方听懂了，两个人才有相处下去的可能性。

站得远一些，视野广一些

我去年很迷恋一个沉浸式的话剧，这个话剧的模式和平日我们看剧的时候很不一样。平日我们总坐在观众席，看着台上演员们倾情演出。而我们的位置是固定的，我们是观众，他们是演员，我们的物理位置不可变，而我们的感受也多少会容易抽离。在沉浸式话剧中，你虽然不是演员，但是你是可以走进话剧里面的。

在不同的时间入场，穿越于不同的场景中，你会感受更深入，解读更具体。有趣的是，在第一次观影的时候，我听到这样一句话："你站得越远，就越能看到更大的世界。"一开始不以为然，以为是考虑到人群拥挤，想让大家站得疏离一些。等第二次观影的时候才意识到，很多时候我们只拘泥于眼前的情节，为之动摇、为其黯然。当我们站得远一点的时候，视野就会宽广许多，对生命的理解也会与之不同。

在生活中也是一样，我们不免迷恋昙花一现的魔力，也对烟花瞬间的绚烂情迷不已，就像被蒙住了眼睛。我们沉浸在那个当下的幸福中，也不免盲从起来。倒不是强迫自己抽身而出，而是站远一点。以相对长远的眼光来审视下你们的关系，昙花谢了，你还爱吗？烟花放完了，下面的路要怎么走呢？

Chapter 21

贰拾壹 相关出口

生活既给了你甜到心尖的糖，也不乏刺鼻呛口的辣。生活里很少会风平浪静，鸡毛蒜皮的小事总是层出不穷。我们也总摆脱不开纷乱如麻的人际关系：年迈的父母，周遭的朋友们，工作关系的同事，有时甚至还免不了一些情感纠葛。但这正是我们生活前进的原动力，有了这些错综复杂的关系，我们的生活才出现层次与空间感。

人们难免在相处中产生矛盾。与父母之间隔代沟通的问题、和伴侣之间的纷争、和孩子之间的误解……随处一瞥，都是说不尽道不完的困扰：

－放假回家简直痛苦万分。明明知道爸妈很想我，但是住在家里就是各种不自由。早上被我妈喊起来吃早餐，他们出门以后我又躺回去。晚上躲在被窝里煲剧，还得戴着耳机。一聊天不是催我结婚就是催我找工作，这回家的日子除了伙食好，简直生不如死。

－我和老公结婚三年，孩子一岁半。两个人平常都得上班，孩子只能由老人来带。大家很多生活习惯都不同，有时候实在看不顺眼忍不住说两句，老公马上就甩脸子——"我妈带着孩子那么辛苦，你还那么多话！要么你自己带！"哎，这日子过得真的是忍气吞声。

－孩子正值青春期，叛逆得要死，一到周末就把自己关在屋子里不出来。到饭点喊她，她还不乐意。经常因为喊了许多遍，她还不出来而吵架，说什么都顶嘴，真没想到养孩子养成了这样的结果。

－新季度零售计划的方案已经改了三版了，老板还是不满意。从有想法到顺着他的想法，到被他说我没有想法。整个人都迷茫了，我真心不知道老板到底想要怎么样，我的计划案也是五马分尸一样，完全没有再写下去的意义！

我们看到生活中有那么多的"问题"。我们在问题出现的当下，产生了一些"无可奈何"的语气和愤怒烦躁的情绪的同时，又是如何解决的呢？

－我爸妈在家，我就和同学出去，等他们睡了我才回去。
－婆婆说话我干脆不理会，躲在房间看综艺。
－我就不说话好了，反正一张嘴就忍不住和孩子吵。
－跟老公大吵一架之后，找闺密吃了顿火锅。
－被工作压迫得毫无头绪，唯有一顿大酒解千愁。

我们看到，大家面对问题无法迎刃而解，多为两个原因：第一，选择性逃避；第二，用不相关的事情来解决。我们为什么会选择逃避

呢？因为这是我们认为最简单的处理方法。一个东西坏了，修补是有风险的，那么如果不想承担修补的风险，最简单的方法，就是置之不理。至少它不会继续再恶化下去。逃避，让我们掩耳盗铃的同时缩回到自己的舒适区。"也许不说话就好了""过几天应该就没事了""就当作没看见吧"。人际关系中产生的问题，并不像花花草草一样，你不照料它，它们就会枯萎。反而，说不定会"春风吹又生"，在日积月累下酿成更大的问题。

直面问题

直面问题，不是说让你去直接把冲突升级，去吵、去激化。而是意识到问题的存在，并产生努力解决问题的意向。简单地说，就是不去掩盖问题、回避问题。

例如：

- 我知道我和妻子之间存在着沟通问题，那么此时我该考虑的不是不去回答妻子的问题，不说话。而是看看在一个什么样的环境下，我们此刻在怎样的情绪里，大家可以心平气和地坐下来聊聊对彼此的见解与看法。

- 我不明白老板的意思因为我总是按照我理解的"他的意思"去更改，我从来没有问过我理解的意思是不是他的本意，也没有勇气真正提出过我个人的想法。是时候鼓起勇气张嘴了。

– 看到孩子一脸厌烦的样子，我每次和他说话也是提高许多分贝。挑他的错去吵架或者指出他身上的各种毛病，对改善关系、缓和关系没有任何的帮助。孩子身上就一点优点都没有吗？今天开始，要学会观察。

学会冷静

很多人在人际关系问题发生冲突的时候，都会选择"逃离"或者"冷静"。但大部分人对冷静的理解有误区：我现在不想看，我不想谈，我想自己待一会儿，我想静静。

人类的大脑，分为前额叶皮层、大脑皮层、中脑和脑干四个部分。这四个部分呢，可以相对应我们握拳以后的手掌：

脑干：对应在手腕的位置。

中脑：也称"动物脑"，对应在我们大拇指的部分。

大脑皮层：也叫脑盖，对应四指弯曲和接触到手掌的部分。

前额叶皮层：拇指弯曲，再四指弯曲，压在拇指上，接触手掌四个指甲盖的地方。

前额叶皮层掌管我们大脑逻辑思维能力、推理能力、乐于合作的能力和表达友善的能力。

当我们在情绪起伏感到生气、愤怒的时候，这时候我们的大脑皮层就会打开了，中脑（也就是动物脑）的部分就会露了出来，中脑遇到问题的时候一般表现方式有几种：僵硬、逃跑、攻击。

不难看出，这也是我们平日面对问题的时候，最常见的反应。而冷静的目的，是让我们在前额叶皮层打开的阶段，使用平和的方式来沟通。

但冷静并不代表摔门而出之后，再也不会面对这个问题，冷静仅仅是让我们在那个当下，具备多项选择，但始终，我们还是要回来面对和解决问题的。（这个部分在《婚姻的勇气》里也曾着重讲过，我们在争吵时，先冷静、再解决）

A 和 B 挖出来的坑，不要找 C 来填补

非常有意思的是，我们常常会用另外一件事情，来消解我们所处理的 A 与 B 之间的矛盾，并认为这是一种可行性的解决方式。比如上面举例的，和闺密吃火锅。有些夸张一些的，可能涉及婚姻关系的矛盾被激化，无法解决，于是转移到另外一个人身上寻求感情出口，等等。用张婷婷老师曾经告诉我们的一句话形容，再合适不过："你不会游泳就是不会游泳。换个游泳池，你依然还是不会游泳啊！"

当你和一个人之间，发生了矛盾，最好且唯一的方法就是和他本人沟通。因为很多时候我们处在某种情绪时的想法是片面的："我觉得他一定认为我如何如何""他就是这样的一个人""他就是觉得我一无是处"……这种"我觉得你是这么看我的"的误区会给我们带来极度负能量的情绪和想法，假象性地把个人臆想强架在他人思维之上的同时，也给对方判了死刑。

而用另外的方式排解自己的情绪，不是不可行。只是它的时效性非常短暂，你只是在那个当下能够得到一定程度的舒缓，却没能达到真正解决问题的目的。

只有开对你想开的门，才能进入你想要进入的世界。

只有开对你想开的门，
才能进入你想要进入的世界。

Chapter 22
贰拾贰

你相过亲吗？

周末的时候想约闺密一起看个艺术展，被她瞬间拒绝——"这礼拜不行啊！我爹的相亲瘾又来了，这周末给我安排了三顿饭。"我赶忙撤退，自行购票。

我曾经被拉进过一个非常庞大、长辈坐镇的相亲群，每天层出不穷热爱张罗的七大姑八大姨和孩子父母在群里发送如下的信息：

男，19××年出生，1.78米，某某高校毕业，企业高管年薪丰厚，北京户籍，有车有房。寻学历硕士以上，年纪××以下，北京户口，工作稳定的女友。

或者是：

女，19××年出生，留英硕士，自营公司，喜爱运动，尤其跑步、潜水、冲浪等，热爱读书摄影，喜欢旅游。会做饭擅长料理家务，为人孝顺温和，寻身高××以上，经济实力相当、正直善良、原生家庭和睦的未婚男性。

起初是群主拉我进去的，他的本意是想让我给群里的年轻人或者年轻人的父母上一些婚前辅导课。进群之后，我每每看到这些信息，总会瞠目结舌的，无法再把课程提上日程——每一个活生生的人，像明码标价一样被公之于众，那传说中的爱情，去了哪里？

没错，自古以来组织家庭、传宗接代是我们社会赖以发展的基本，后来逐渐结合了伦理转化，成了人生构成的硬性要求。我们的文化在很长的一段时间处于农业社会，所以导致父母这一辈人，传承给"80后""90后"这一代子女的观念仍然是——到了适婚年纪就应该结婚生子。父母将看到自己的孩子结婚生子，视为自己责任的一部分。

在父母的那个年代，大多数的婚姻都是两个人看对眼了，互相有感觉就结婚组织家庭、过日子。日子无论好坏，大家的个体性突出的时候还是偏少，总会赋予一些个人牺牲感。大多为其他家庭成员考虑、为如何被社会看待而感到焦虑。

而现代的人们却很难做到这一点。这七八年内的结婚领证人数直线下降，离婚率直线飙升。一线大城市许多区的调查报告指出，2018—2021年平均结婚年龄在35岁……而这些数字，说明了什么？

同样，以社会学的角度广义地来说，人类社会之所以日新月异地发展，的确是靠着不停的变化以求进阶的。再者，平日媒体上流传的北上广深一线城市的天价征婚条件，让人在本身对婚姻充满着疑虑的同时，更加望而却步。那么不停上涨的离婚率，又能说明什么呢？

– 说明现在的人重视以自我为中心的选择；

– 说明那些被催婚、被架上去的婚姻并没能如愿地走下去；

– 同样说明，人们在匹配"门当户对"的外在条件之余，忽略了最重要的"志同道合"。

如果，你也是被催婚、被安排相亲的人士之一，建议你参考以下几点。

1. 父母认可的人，就一定会幸福吗？

曾经在一次线下活动结束后，收到这样一位小读者的私信：

"现在的男朋友，爸妈都很喜欢，相处也算融洽。自己却还是喜欢以前的男朋友，非常喜欢。但我父母不太能接受他。我是应该相信爸妈的选择，还是自己的感觉？"

这里面存在着几个值得我们深思的问题：

– 所谓的"门当户对"，"对"的到底是什么？

– 爸妈喜欢的人，就一定会幸福吗？

– 婚姻，到底是几个人的事情？

首先，我们耳濡目染的"门当户对"的问题。文章上面也提到，一线大城市，说到结婚条件时候必然少不了什么房子、车子、学历、年纪、现在的工作条件、未来发展定位等。好像交"五险一金"一样，我们给第一项打对钩，然后才能有资格进行第二项。

我个人理解，真正的门当户对，是精神上的匹配与贴合。对方与你的成长环境、求学经历、"三观"态度，这些会谱写出你们日后生活的相处篇章：或甜或咸、或苦或辣。我们千万不要盲目追求客观条件的同时，迷失了同样重要的主观自我。

其次，不妨尝试反向考虑：爸妈不喜欢的人，就一定不幸吗？小的时候，我们听到过那句"不被爸妈祝福的婚姻，是不幸的"。这里面的双重否定，未必没有被肯定的可能性。父母当然会从全盘考虑，你未来伴侣的家庭条件，现在的工作条件，他／她的人品、性格，等等。但父母始终不是你，属于你个人心里的感觉才是最重要的。

在《婚姻的勇气》第一章我曾经写过，在步入婚姻殿堂之前，我们需要考虑的问题。婚姻不是儿戏。诚然，现在人们的选择权多了，你当然可以结了婚然后再离婚。但离婚同样不是玩笑，这个过程可能短暂又难过，或者漫长又痛苦。我们为什么不去尽量减少不必要的消耗，把时间花在快乐有意义的事情上呢？

婚姻的核心，始终是夫妻二人。孩子、父母都是核心圈之外的因素。也许你会说，这不是中国式的婚姻，中国式的婚姻就是两个家庭

的联结。的确，我们的婚姻元素确实比其他文化要涉及更多的人，所以在婚前你最需要做好准备的，并不是你的核心圈里是否可以纳入更多的人，而是你与你的伴侣，是否具备了共同做出付出、共同接纳其他元素的意愿。这才是至关重要的。

2. 请坚守你的爱情观

复旦大学的梁永安教授曾经用青杧果的例子来形容被"催化"的婚姻：那些远程从海南、福建等地运输过来的南方杧果，很多都是还青涩的时候就被摘下的，在运输的过程中，通过时间和温差逐渐变得澄黄起来。但其实它的甜度、香味、口感无法与在当地杧果树上摘下自然全熟的杧果相比。

这就好比被催婚的那些男男女女们，还未尝试爱情的苦涩与香甜，就因为"到了适婚年纪""你看看人家都二胎了""再不结婚就真的嫁不出去了"等压力，便草草结婚。

我相信，当代社会中的大部分人还是更愿意"嫁给爱情"而不是被安排人生。人们说"婚姻是爱情的坟墓"，那指的是在婚姻过程中，因相处不当造成的失败关系。而真正的坟墓是什么？是没有爱情就给自己挖坑的婚姻，这才是活埋了自己的后半生。

试想如果你每天面对的，是一个自己心生爱意的人，就算生活中充满了不如意与坎坷，可与她／他相视的时候还是充满了欢喜，你是不是更愿意努力？更愿意尝试改变现状，一起共赴未来的山海？

而你每天睁眼见到的，如果是一位并不算太熟悉，也没有燃起过爱情，"合适"且相敬如宾的伴侣，未来生活的每一天毫无情趣可言，这难道不是"活坟墓"的最佳写照吗？

3. 面对催婚的父母，不抗衡、不妥协

我们先换位思考，理解一下父母这一辈人。他们的确是出于对你的爱与关心——"我想把我认为好的方法方式告诉你、我想看着你幸福"，这样的角度来安排你相亲的。

在这样一个情形下，不用歇斯底里大动干戈和父母去争吵不停，只需要静下心来，不厌其烦地重申自己的原则：我想自己去选择一个，情投意合的人走一生。一次半次你可能很难说服固执的父母，但是我相信基于对你的了解与爱，他们慢慢地也会接受并且给予你选择婚姻的自主权。

如果暂时没有合适的人选，这条路，先自己认真地走。

真正的门当户对，是精神上的匹配与贴合。

你看看人家

– "我的室友每天 5:30 起床背单词，时间排表很紧密，拿了各项奖学金，发了 SCI。感觉自己就是学渣。"

– "我们单位老张的闺女，硕士毕业进了央企，男朋友是创业公司的骨干，一表人才，你看看你。"

– "我闺密的男朋友，每星期都给她送花，野兽派的呢！"

– "小娜都二胎了，你这连个恋爱都没有着落，叫什么事儿啊。"

这些话，是不是听起来很熟悉，不，耳朵已经起了茧子，但它的声音还在不停循环。

我们生活在这个充满竞争的年代，好像，永远都离不开比较。上一辈的人，上过刀山、下了火海，总结出来一套他们固有的"生活"公式：你要上好的学校，才能找好的工作；有了好的工作，才能有好的对象……而这套公式，在潜移默化地，像湖中涟漪一样，坚定扩散着它的影响力。

同学、邻居、同事、朋友，也不知道为什么，周遭总是有那些优秀得要命的"闪耀之星"，他们身上自带秒杀一切的光环。他们做什么事情都是优异的，他们风度翩翩，他们比常人更努力，走到哪里都备受关注……他们的存在，让平凡的我们显得那么微不足道。

曾经有个小读者和我说："我就是想要做个平庸的人，但是，如果我说出来，就会被认为没出息、没骨气、没理想。然后就会被众人嫌弃。"时不时地，我们偶尔也会听到声嘶力竭的怒吼——"平庸怎么了？！"

然后……

然后就会被大面积的列表、PPT、KPI所淹没……你得突出，你得去抢，才能拥有美好人生。在这个流量与精英成为诟病的时代，"普通人"越来越被添油加醋地抹上灰暗的颜色。我们该怎么办？

具备接纳平凡的能力

你也许觉得，我在开玩笑，平凡算什么能力？有本1986年出版的文学作品，叫作《平凡的世界》，是我接触当代文学时看的第一部长篇小说，讲述的是在20世纪七八十年代陕北农村发生的许多普通人的平凡事，这部长篇小说当年一炮而红，至今仍然家喻户晓，广为流传。

当然，故事里不乏优秀主人公的精彩事迹，但与此同时，反而是那些家长里短的生活琐事和碌碌却有为及坚韧不屈的人，更让人感动与深思。这些就是组成人生的点滴，赤橙黄绿青蓝紫。

你一定会问，"平凡的能力"和坐吃山空、好吃懒做是一个意思吗？

当然不是。不是让你每天躺在床上，跷着二郎腿，刷着手机煲着剧，坐等契机的出现；也不是让你在他人都向前进步的时候，守株待兔地停滞不前，而来上一句"我就是平凡的"，然后按兵不动。而是，在拥挤的洪流中，坚持住自己的本色，不受外力的影响，乱了自己的阵脚。

每天踏实地做好自己分内事，不骄躁，不张扬。你计划这个月读两本书，那就预留出时间专心阅读。不要因为别人的一句"我一周四本都算慢的"，而瞬间心态崩塌，觉得自己是个废物。小步前进，累了就稍做停歇，不要放弃自己。

哪怕你此刻正在做的事情，并没有让你看起来熠熠发光。接纳这一刻的平凡，才能迎来恭候多时的灿烂。

这能力也许不能带你去很远的地方看世界，也未必能给你带来荣华富贵的奢靡生活。但这个能力，让你能在拥挤的人群里，不将自己的生活挤压变形，稳步前进。

拒绝外力——停止比较

当我说"停止"做一件事情的时候，你的第一反应是什么？"停止不了，我做不到。"对吧？

很多时候，我们说"某某某让我生气""谁谁谁给我带来了悲伤"。没错，每个情绪的产生，都是事出有因的。然而，你是否选择让情绪驾驭自己，就要看个人了。

对方的行为给你带来了不悦的感受，但是，你同样可以选择，不去接下这盘棋。人生充满一次又一次的选择：在每一个分岔路口，向左拐是悲伤愤怒，向右走就是快乐欢欣。静止在原点观望，同样是选择。

当别人把你放在某个位置开始比较，你如果跟上节奏，被他带着一起比较，那就是你的"顺势"选择。又或者，你可以选择，他比较他的，我做好我自己。告诉自己："这没有可比性""我不需要和别人比较""他是他，我是我"。

久而久之，你也会发觉，"比较"是一件幼稚而毫无意义的事情，因为事情在比较的状态下，潜台词总是"一分高低"，它只会让你更加焦虑、慌张，失去自己。

看到自己

是每天早上，你洗脸刷牙之后，对自己的几秒端详。

也是每天你临出家门之前，对着穿衣镜的一瞥。

又是你在电梯里，门关上那一刹那，从反射中看到自己的样子。

对，多看看自己的模样。为什么呢？匪夷所思的你是不是觉得凝视自己，只会发现更多的瑕疵与衰老？不一定的。

因为我们的眼睛，看不到自己的眼睛。当你面对镜子里的自己时，哪怕只有几秒，也是你和你的心沟通的好机会。

我同样希望你，看到自己此刻所做的一切。曾经有个人跟我说自己一无是处，结果在短短十几分钟的聊天内，我发现他有很好的写日记的习惯，关爱小动物，喜欢绘画。只是身边的声音太嘈杂，让他看不到自己的颜色，只望见脚下的泥泞和自己深陷不堪的窘境。

"今天的妆容很精致。"（很赞的动手能力）

"今早冲的咖啡很好喝。"（原来你有这个天赋）

"今天在阳光照进来的会议室，深深地呼吸。"（学会抓住生活的瞬间，让自己快乐）

"今天靴子和衣服很搭。"（ootd^① 也值得夸赞下自己）

"今天手机是满格电。"（让自己也像此刻的手机电池一样，充满活力吧）

记住，每天给自己一点点"看到"，生活因为你的存在，才有了它特定的颜色。

---

① 网络流行语，Outfit of the Day，即今日的穿搭。

I love you, but I love me more.

和熬夜同理的恋爱定律

这几天收到了几个有趣的问题，虽然它们看起来毫不相关，但我尝试着把它们放在一起分析：

问题一：为什么，我们喜欢的都是渣男和渣女呢？这个问题，似乎是个多年无解的魔咒：

为什么明明知道他不好，却还是很爱他？
为什么明明知道她不爱我，却就是被她吸引？
为什么知道他做了那么多伤害我的事情，却还是会想他？
为什么很多次想离开这种有点虐的关系，却根本下不了决心？

我曾经有个朋友，夸张到明明知道女生已经有两个男朋友却还是硬和她搭上一脚。每次被伤得体无完肤之后跑过来找我，问我他是不是有什么"就是喜欢她不喜欢我"的癔症。一通排解之后，他在这条拥挤的路上反而越挫越勇了。在这种痛不欲生的三角关系里，他偶尔还会来上一句——"爱不可以解释，也不想接受评价，谁让我爱她呢？"

问题二：明明知道熬夜不好，为什么一到晚上，就不想睡觉呢？

我们这一代人，很多都有着非常严重的作息问题。无论父母怎么叮嘱早睡早起的好习惯，一到了晚上就是不想睡觉。有时候仅仅是处在一种"无所事事"的状态，即便如此，还是愿意"熬"这份属于自己的"自由"。

这个事情，也是疫情以来一直困扰我的问题。我曾经的作息非常规律，12 点前睡觉，7:30 起床，早上 8:30 练瑜伽。后来瑜伽馆停业，没有外力作用下，我的作息时间逐渐地往后推了几个小时。

这一年多，从晚上 9 点到凌晨 2 点，我曾认真罗列了一下独处时的"熬夜生活"细则：

- 看书（也不一定是很专心地看）
- 上网课（并不是经常性，一周最多两次）
- 刷某宝（这个女孩子懂的，未必是缺什么。就随便看看那些根据你兴趣点的推送，俩小时瞬间就没了）
- 看电影
- 洗澡
- 聊天
- 无所事事
- 写作

因为身体有伤的原因，其实我一次性的久坐时间并不会超过 1.5 小时，那么也就是说无论是看书还是写作，一个半小时之后我都会离开座位。剩余的 3.5 小时里，如果不是网课不看电影的话，我大部分的时间都在虚度。以一个月 30 天来计算，30×3.5=105 小时，一共 4 天多时间。可哪怕计算出如此惊人的数字，知道自己每年要花将近一个多月的宝贵时间在虚度，在夜晚降临的时候，还是会照做。Why？

不可控的"可控制范围"

我们白天的时候需要上学、工作，需要面对外面的世界。每个人都或多或少地披上了自己的"羊皮"，而唯有独处的虚度时光，这里面才能允许一个"瘫软无用"松散的自己存在。我们在自己身体可以承受和支配的时间内，尝试着"不可控"的肆意感，并称之为"时间自由"。

那么该如何调整呢？怎么将不可控的范围尽可能地缩短？

比如，你计算出来临睡前有 3.5 小时是"闲置"的，那么可以逐渐尝试填满 2 小时，不用一下完全剥夺自己的自由感，而是将 idle（在外面晃荡）的肆意感，可控制性地缩小。与此同时，进行一些屏幕时间管理。

不得不说，近些年电子产品带给我们的危害与快乐真的太多了！它们打开了我们认知的新纪元，也大面积地侵蚀了我们的正常生活——我们变得越来越无法专注地吃一顿饭、做一件事。

在这填满的 2 小时里，需要做到完全不触碰屏幕。可以把手机关上，然后放置在一个你看不到且触及不到的位置，甚至是交给家人。

来源于这两个小时的注意力集中饱和，会令你发现，你的闲置时间也会相应缩短。经过我最近一段时间的尝试，终于把凌晨 2 点睡觉的作息调整到了午夜 12:30 左右。当然，这距离长辈们给到我的"养生作息"时间还有很漫长的路。

现在回到问题一，为什么我们无法自拔地爱着那个不爱自己的人呢？

据一些专业数据显示，"停止爱一个人"所要经历的"戒律之瘾"感受的痛苦，在大脑活动图中显示出的"反应机制"，并不亚于戒烟和戒酒的痛苦。更不可思议的是，很多国外学者对"恋爱里感到伤心的付出方"进行测试，发现不管学历高低、性别如何，他们大多数人不能够在这个伤心的状态中，做出理性的判断。并且，这种行为非常容易周而复始地重复。

比如在这种"很虐心"的关系中，如果人们可以理性地认识到，对方的为人处世或性格与自己并不相符，与其这样消耗下去，不如利用这些理性的思考帮助自己脱离现阶段的不良关系。但是身处其中的人，却大多不会选择理性思考，他们更可能将不可控的范围扩大化。

与此同时，他们甚至会把对方"假象性"地美化：花许多时间去想念对方的"好"——她有多迷人、多妖娆；上次我们约会的那个晚上，繁星有多璀璨，他有多柔情。

比问题一里面更可怕的是，大多数处于这种关系中的人，并不想去改善。熬夜的人知道熬夜有害健康，他们知道自己虚度的时光去了哪里；而在感情关系中深陷泥潭的人，却并不知道自己走到了哪里。他们需要的不是缩减站在泥潭里的时间，而是挺身而出的勇气。

你需要想念的不是她可爱的微笑，而是对你的隐瞒；你需要明白的，是他对你挥之即去的不尊重，不是他的拥抱。你甚至可以将在这一切关系中感受到的负面情绪一一写下，为的就是让你看到这段关系真实的样子。

具备勇气迈出你的沼泽吧，在越陷越深之前。

做一个不熬夜的健康人，离开拖累你的沼泽潭。

Chapter 25
贰拾伍
结婚的理由

一个经常带我出去疯、出去浪的大哥哥，人高马大，夏天的时候他经常穿着一条与宋仲基所穿同款的白色亚麻裤子，走路带风。在我20岁不到的年纪，他曾经在欧洲的生活经历，玩遍大半个地球的故事，对我充满着吸引力。

　　有年暑假回国，他约我出去吃饭，突然告诉我他要结婚了。我当时不是很理解，因为这个哥哥总给人一种"浪荡公子"般的印象，在我当时的概念里，浪荡公子决定结婚，这得是什么样的力量！于是我问他，是什么原因，让你想结婚呢？

　　他说了一句我至今还记忆犹新的话："就是那种世界上所有人背叛你，她都不会的感觉；同样，也是我背弃所有人，也绝对不会背弃她的感觉。"我听得十分感动，毕竟他口中的理由，同样符合我对婚姻期待的样子。

　　我还有个朋友，他的性格十分张扬不羁。他在感情上一直不算太稳定。早年间，草草地结了婚，又天崩地裂地离婚。他对每一位姑娘的感情都似乎很真挚，只不过在稳定性上稍微差了点事。前几天，他突然跟我说，最近在考虑步入婚姻。说实话，我确实是震惊了一阵的。于是，我也同样问了他决定结婚的理由。他说："首先，没有任何排斥的理由和现在的女朋友结婚。其次，我们希望邀请一个新的生命来到这个世界上。"

朋友三，拍拖 7 年，今年年底结婚。我同样问了这个问题。朋友说："嗜，有什么理由不理由的，相处不厌算是爱情最高礼遇的赏赐了吧。再说到了这个年纪，也该结婚了。"

我为什么总在问同样的问题？也许你会说，想结婚就结婚，要什么理由呀？我们进入恋爱的确不需要缘由，可能就是一句温柔的话语、一个眼神、一个拥抱就能让我们奋不顾身地投入爱河。但婚姻不是，它是人生的一个至关重要的选择，具备相应的法律责任，同时还涵盖多项人生准则和道德承载——它更是我们人生的另外一个状态。

婚姻不是爱情长跑的终点

很多人在结婚之前，都会给婚姻扣上抬头——"爱情的坟墓""长跑的终点""最终的归宿"等。如果你的婚姻是以爱情为始的，千万不要因为组成了家庭，就草草结束恋爱的长跑过程。试问对长跑上瘾的人，爱长跑的原因是什么？是呼吸从急促到有序的调整，是在汗流浃背和每一分钟都想放弃的斗争中感受的快乐。人们在长跑中思考人生、调节身体，更会找到一个不一样的自己。

婚姻也是如此，你们成为夫妻了，依然可以保持曾经恋爱中的约定与习惯。在生活中依然可以打情骂俏或安排惊喜。每一份感情都需要悉心经营而不可信手拈来。

婚姻课程有个重要的环节叫作"特殊时光"，就是说哪怕有了孩子，与老人同处一室，也依然建议夫妻之间拥有属于彼此单独相处的时间、彼此能感到"小确幸"的时间。哪怕并不是什么浪漫的周末出逃之旅，仅仅是楼下拉手散步聊天，也要尽量坚持与养成习惯。用心地生活，才能更好地尝到生活中的甜头。

婚姻不是亡羊补牢的连环杀

来看一下 2020 年民政局的统计数字，2020 年我国结婚登记数据为 813.1 万对。这是继 2019 年跌破 1000 万对大关，再次跌破 900 万大关。这也是 2003 年以来的新低，仅为最高峰 2013 年的 60%。关于未婚职场人士不打算结婚的原因，64.1% 的女性受访者表示"婚姻不是必选项"，其次是占比 43.5% 的"担心因结婚而降低生活质量"；对于男性来说，"经济条件不支持"为首要原因，占比 53.6%。（信息来自网络 @ 第一财经日报 2021 年 3 月 18 日微博）

另外，北、上、广加天津及东北地区的结婚率和离婚率竟然不相上下，也就是说，离婚率也是在逐年递增中。

这又是为什么呢?

因为很多时候,我们的婚姻从一开始就处在亡羊补牢的状态下。从被催婚到结婚,准备时间甚少。结婚之后相处不当,无法避免争吵,要么矛盾升级,要么就是单方面地避而不谈。久而久之,问题就像沙漠中的黑洞一样,你以为上面一层浮沙盖住了今日的矛盾,其实一脚踩下去竟然是无底的旋涡,不停地深陷。

还有那些因为炙热的爱情为缘由的结合——我们当初是那么爱对方!然而,结婚后却并没有获得想象中的幸福。许多男女因为爱情到婚姻的水到渠成,反倒让生活充斥着窒息感:"你不能再和朋友出去玩儿了!你是个有家的人!"婚姻不是枷锁,也不是道德绑架的手段。因为相爱而建立家庭,我们更需要做的,是随时随地补上感情的缺口,保持理解与接纳的心,积极沟通,方能远行。

婚姻是不可规避的责任

虽然在当代社会中,我们的确十分强调和看中个性,在婚姻中,责任与个人需求是两条平行线,不可忽略,也不可回避。从你步入婚姻殿堂的那一刻,你的生活状态就从一个人变成两个人甚至是三个人、四个人外加两个家庭的状态了。

小时候在上思想品德教育课的时候，我们了解过一个词，叫作"公民的责任"。就是说作为社会的一分子，我们需要履行一些我们也许主观上并不情愿，却又必须遵守的原则和义务。婚姻更是如此，无论男女，在婚姻中都不可一味地将一切责任推给一方。这里并不是具象地说，是你洗碗还是我擦地的生活细节，而是那些涉及孩子、教育、财产及家人责任共同分担的问题。

当代家庭"丧偶式"婚姻的一大主要元凶，就是双方在责任与分配上的认知不相匹配。一方觉得，给予家庭经济上的供给就等同于履行了义务与责任；而另一方在承担过量的生活琐事之余不能与伴侣良性沟通。

无论你结婚的理由是什么，在建造属于你们未来的殿堂之时，每一步都很重要。

你今天，
被"内卷"了吗

北京菜里有一道菜叫作"烙饼卷带鱼"——炸得酥脆的带鱼配上新鲜出炉的烙饼，卷起来以后一口咬下去，那是软硬相间之下味蕾之上的一种强烈满足感。

这两年突然流行起了一个词——"内卷"。我百度了好几次都没能理解其意思。最后我的同学给我举了一个例子：比如老师要求论文5000字，15号交。但是大部分人都写了10000多字，10号以前都交了。到了12号，你被老师催问：你还没交作业吗？你内心忐忑地在13号写了6000字交了作业。

于是，并没有逾期，也明明交了作业的你，却是最后一个、写得最少的人，还带着焦虑感和内疚感，这就是被"内卷"的典型。

在读懂这个词之后，我花了一些时间留意身边事，才发现"内卷"真的处处可见：

"领导说这周把个人总结做出来。而你还在思索时，大家都交上去了。"

"你今年读了 15 本书，刚想分享一下心得，小伙伴说，她也就读了 60 多本。"

每个人都超额、超预期完成自己分内的工作；每个人都像井喷的油田。于是你不由得开始怀疑自己：是我的能力有限，还是我对自己要求不够高？我到底应该按要求完成还是需要做得更多？

很多人和我说："你知道吗，在这个内卷的世界，需要特别强大的内心。因为生活布满了焦虑。你仅仅是按部就班的话，先不说做得好不好，先得说你一开始就输在起跑线上了。"

所以，在这个内卷的世界，我们该如何具备生活的勇气呢？

求质不求量

首先，你需要在了解自己之余，了解自己手上所处理的工作。我们不是批量生产的机器，我们看书是为了从书中汲取知识，而不是把自己当作一个铅字扫描仪。你手中的课业也好，工作也罢，在撸起袖子干活之前，你要对它们有足够且深入认知。唯有熟知一件事情，才能更有胜算。

其次，就是做到"精益求精"。别小看这几个字，写一个"大"字我想大多数人都可以胜任，而写出一个刚劲有力的"大"字，却并不是所有人都能做到了。

你甚至可以拆分、细化一下自己要做的任务：用多少时间来完成基本架构，用多少时间来填写主要内容……最重要的，一定要留给自己充足的时间补充修改、润色。囫囵吞枣地上交一沓子废纸，不如真正产出一些精华。

在这个过程中，你也许会改变一些最初的想法，甚至有可能会全盘否定自己。不要心急，这个过程，正是你成长的最好时机，我们每个人都是在否定与推敲中，找到最闪光的那个自己。

保持自己的步伐

还记得我第一本书的书名吗？——《别着急，反正一切来不及》。记得当时很多人说这是一个过于佛系的书名。封面上的标语，也解释了书名的意义：人生不是马拉松，我们最不需要追逐别人的脚步。

我不知道你有没有跑过马拉松。我来分享一下当年我一个跑圈小白第一次去跑马拉松的经历。明明是 6 点开跑，过于兴奋紧张的我 4：30 以后就睡不着了。于是我早早地起来给自己灌了咖啡、能量胶，穿好了衣服就溜达去起跑地点。5 点零几分，我已经在起跑线帮其他跑团的人拍照了。

起跑的那一刻，其实拥挤的人群移动非常缓慢，并不是我们平日在电视上所见的那种"砰"的一声枪响，大家一触即发地飞奔在跑道。大多数情况下，起初的 5~8 分钟，几乎是跟着人流慢跑，逐渐疏散开来。然后，你可以慢慢开始加快自己的速度，周围的人也会相应而动。你会感受到，一个又一个超过你的人，有人与你擦肩而过，有人飞驰而过。这时候，你会有种紧迫感，很容易突然改变自己的速度，也容易紧张。但如果你被这些超过你的人乱了阵脚，那么在未来的 10~15 分钟内，身体就会出现岔气、抽筋或者体力不支。

保持自己的步伐，并不是一种佛系的心平气和能力，而是一种内心定力——我知道自己的能力在哪里，我知道终点在何方，我要按照自己的节奏前行的能力。

匀速地呼吸，跑出自己最舒适的步伐。一份健康的心态，它可能不能让你成为赛季冠军，但是它能让你跑到更远的未来。

具备自圆其说的"外伸"能力

心理学上有个名词叫作"共依存人格"，指的是那些沉溺于某种生存状态，却无视生存状态中的问题的人。因为害怕失去，或害怕"依存"的环境改变，而选择自己处于劣势的状态下，不停地迎合。

想想看，"被卷"又何尝不是一种迎合呢？因为大家都在共同的生存环境中催着你跑，哪怕身上还带着刚刚复原的痛楚，你也不得不加速跑起来。

"外伸"这个词是我开玩笑时候说的，在我同学解释"内卷"的含义的时候。当大家都在内卷，你就平躺着可以吗？一动不动的态度，我也并不赞同。在这个竞争激烈的世界，你只是躺着等馅儿饼掉下来，自暴自弃，那估计很快就会感受到一种车马飞驰的被践踏感。

"外伸"，顾名思义，我想说的是一种类似于伸懒腰一样的爆发张力，来源于你内心的笃定与勇敢。文学史上早年间的那些先锋派（avant-garde），就是敢为人先，敢与众不同，敢于提出并使用新的方法，才让大众审美不至于千篇一律下去。

我们在芸芸众生之中，你这样做，他也这样做。所有人都在重复、效仿。大家无意识的状态下，被"内卷"文化卷了进去，就很容易失去自己的初衷。齿轮的环环相扣，的确可以带来生产力，但是如果要超越与精进，绝不是一蹴而就的。需要更坚实、更大、更有力的齿轮来带动。你甚至可以说，"外伸"甚至是一种领导力，得上一个台阶来看问题。

"我有一个新的想法。"
"也许我们可以尝试这样。"

"我在想，其实是否可以……"

相信我，你的上司、老板或是老师，他们同样期待和渴求着新的声音和你"外伸"的爆发力。

我可以。

如何做到
所愿皆所得？

我们先来说说，生活里那些"所愿并不得"的故事：

- 研究生毕业的那年，大家都很惶恐，找工作、交论文还有各种繁杂的事情要去处理，恨不得一天当成三天来用。我在自习的时候认识了一个女孩，她总是对着我笑。后来我们经常一起自习、一起去食堂。我一直在等待一个时机想向她表示愿意与她共赴前程。后来她申请了去美国读博，offer 也拿到了。我只好在内心深处埋藏了自己对她的喜欢。她临走的时候我没有去送她，她到了那边我也没有怎么联系她。有什么意义呢？她走得那么远。

- 我一直能感到老板对我的偏爱。有几次因为家里突然有事请了假，老板把例会都改到了下午。她还会经常当着别人的面夸我，说很看好我。新项目从筹备期到中标，我一直是最努力的一个，分内的、分外的，能想到的、能做到的无一不竭尽全力默默地贡献。项目终于下来了，老板却将它许之他人。那我做的这一切又算什么？

- 一直很想换一份工作。看看自己周围的同学毕业后，有的进了世界 500 强企业，有的自己创业，有的现在做了自媒体大 V。3 年前的一次跳槽对我来说算是失败的，表面上工资加了，没想到工作量和工作范围都与工资完全不成正比。最重要的是不开心，总觉得自己在消耗生命。可自己的简历修改来修改去，打开招聘网站却没有勇气投。

战胜恐惧

怕失败与怕被拒绝都源于自我怀疑。自我怀疑，常常是我们平日不被重视的原因，也多为我们长久停留在一个并不快乐的情感关系里的原因；更是我们不愿意也不想去改变生活的原因。而自我怀疑又是什么？就是我们内心深处的嘀咕：我做不好、这件事情完成不了、根本没有可能、到底这么做对不对……这些声音的背后，是我们更害怕的失败和被拒绝。

很多明明能力超凡却不够自信的人，在做事之前总是不停地预估不成功的后果与退路。这种预设让他们无法全情地付出，也常常让他们觉得陷入进退两难。

这也是我为什么把这个章节放在本书的篇末。在我们的生活中，很多时候勇气比聪明、运气、付出更为重要。有勇气的人不是鲁莽地前行，他们也不是不会恐惧，而是在黎明前并不明朗的昏暗中相信未来，一步一个脚印地前行。

你可能看不到爱情开花结果的可能。那就不去试了吗？你默默地在背后做了许多工作，可有人知道吗？你都没有开始投简历，又怎么知道人家一定会拒绝你呢？

练习表达自我的能力

我们都听过一句老话，"会哭的孩子有奶吃"。当然，这句话原本要表达的，是那些夸张地将自己欲求表达出来的人，往往比"懂事"的人更先获得自己想要的。在我们的文化中，是不主张过度表达自己的。但是，仔细想想如果你连自己想要什么都无法表达，那他人又从何入手帮你呢？

曾经有个关于薪水的社会调查让人十分吃惊，大部分人都觉得自己此刻的工资是有上升空间的。但80%的人，绝对不会主动开口要求。

再比如吃饭，我们大多数的人去餐厅，都是直接点菜。菜单上给我们的选择，就是我们的人生选择。而私房菜之所以一直都很受欢迎，正是因为，它给了客人更多选择。它让客人可以有机会去选择自己想要的口味。当然，也许作为一个顾客，你莫名其妙地问厨师可否这样做的时候，他一定会觉得很麻烦。但这并不是吹毛求疵，很可能在大多数的情况下，你会遭到拒绝。这不过就是让你锻炼一种学会要求和表达的能力。

"我有我自己想要的。"

"我有我自己的价值。"

"这些不是我要的。"

行动——干就完了！

什么才是完全错失机会？是你根本就没动。

我们大多数人，都有个"图方便"的心态。我们更愿意在一个舒适、方便的环境里选择工作岗位；我们更愿意交往一些"没那么麻烦"的关系；我们拖延着一件事迟迟没有去做，是因为"很烦琐"；我们懒得为自己辩解和争取；我们放弃追寻一些更远的梦想。

我们默认"不是想要的，就能得到"。

大部分人并不是因为能力不足找不到自己想要的工作，而是他们找的，是"可以提供的工作岗位"的工作，然后逐步让自己的需求迎合与之靠近。

很多人都以为，勇敢是与生俱来的能力，从娘胎里带来的。"三岁定八十"，有些人从小就是个愣头青、傻大胆；而有些人，天生就怯懦怕事。其实非然。勇气是一种能力，也是在当下我们将生活继续下去必备的能力。你需要不停地练习、驾驭，方能熟练操作，越战越勇。

就像打篮球一样，很少有人能在毫无锻炼的情况下，一下就可以扣个三分的篮球。在爱好与天赋之外，更重要的是一次又一次去尝试。而生活中你要追求的事，更是如此。大多数我们努力一两回，就放弃了。

不知道你是否听过一个定律——"10%"。就是说，当你有个想要达成的目标，你去完成目标的行为，至少要做 10 次以上。如果这 10 次都失败了，再言放弃。这个定律的目的，是让我们去适应在 90% 的情况下的尝试都有失败的可能性。与此同时，在另外的 10% 的尝试中，我们也许就能达到目标；而这 90% 的尝试中，我们在锻炼预期之外的能力之余，还能拓宽眼界，在坚持与尝试中感受不一样的目标感。

在我们达成梦想的路上，也许 90% 的时间都在失败，但正是这 10% 的不断尝试的勇气，能把我们带到梦想的那一头。

我相信，你可以。

生活的勇气

那么花些时间，来写写生命中，你曾经想要完成的那些事情吧：

_____

_____

_____

_____

_____

_____

_____

_____

_____

自卑与自卑感

从这本书的开篇至此，基本上没有太多提及"自卑"的话题。首先，因为在许多场合和书籍中，我曾不止一次提及过这个话题；其次，是因为这是一个很容易无限拓展的内容，我怕自己能力有限，短短的几千字说不明白。

但我为什么又在这本书的最后一章，决定来聊自卑与自卑感呢?

因为我发现这是一个理解生活中问题的逻辑层次——想要去解决问题的时候，不可忽略的根基问题。我们的感受来自行为，而行为背后总是有它的缘由和目的。再回观诸如"寻求关注""心怀怨念""想报复""没有信心"这些缘由的时候，就不得不说到自卑了。

我们常常因为不够了解自己的感受，或者怕别人看透自己而掩盖感受。这就好像试图用稀薄的泥沙去掩盖一个即将爆发的火山一样——欲盖弥彰的同时，你还深处危险之中。情绪这种东西，你越是想灭掉，它就越猖狂。

什么是自卑情结（Inferiority Complex）?

什么又是自卑感（Inferiority）？

在心理学家阿德勒看来，一个孩子之所以奋发图强，我们人类之所以会进步，都来源于我们与生俱来的自卑感。阿德勒曾说："生命伊始，所有人都有深刻的自卑，只是程度多少不一，终有一日，所有孩子都将明白，面对生存的挑战，只靠自己的力量无法应对。"[1] 而"当有问题出现时，如果个体无法恰当地适应或应对，并且坚信他们一定没有办法解决，这就是自卑情结的表现。我们可以看到，愤怒、哭泣和逃避责任的边界一样，都可能是自卑情结的表现之一。由于自卑感总是会带来压力，所以相伴而来的常常是争取优越感的补偿性动作。"[2]

为什么我们会感到自卑？

因为，我们在出生的那一刻，都是如此幼小的婴儿。我们睁开豆子般大的双眼看着一切陌生又新奇的事物，我们可以看到的一切都是庞然大物。在这样的一个环境下，我们的内心自然而然就会产生一种不安感和自卑感。我们感到自己是渺小的、无助的。

于是大家就会问，那怎么办？这种与生俱来的自卑感，我们该如

---

[1] 阿尔弗雷德·阿德勒. 洞察人性 [M]. 张晓晨，译. 上海：上海三联书店，2016：56.

[2] 阿尔弗雷德·阿德勒. 自卑与超越 [M]. 杨蔚，译. 天津：天津人民出版社，2017：44.

何处理？

威廉·毛姆在《人性的枷锁》中刻画的菲利普，患有天生的脚疾，父母双亡，无论学业、事业还是爱情，他一路走来都非常波折。他总觉得是因为这个身体的疾患才被别人看不起。直到小说的尾声，这个主人公才真正地意识到自己一直在期许和埋怨中兜兜转转地生活，从未真正地花时间去体会，后来他最终找到了爱情，也接纳了自己。

另一部文学巨著《约翰·克利斯朵夫》也是如此。这本书的原型是贝多芬，典型的成长小说。克利斯朵夫从贫穷的家庭中走出来，在爱情中战胜自己的卑微与怯懦，同时与时代和命运抗争，最后取得事业上的成功。我们都知道贝多芬其实患有耳疾，在中年就失聪了，爱情也从来没有认真眷顾过他。尽管生命中遭受到了如此多的痛苦和不幸，他依然凭着对音乐的执着与热忱，把所有的力量都放在了创作上。相反，在他创作数量惊人的交响曲、协奏曲中，并没有太多悲怆之音。更多的，是对大自然的讴歌与生命的礼赞。

举以上两个典型人物的事例，我想要说明的是这与生俱来的自卑感，我们在生活中不停地受挫带来的自卑感，从未消失过。然而，为什么有的人依然可以写出灿烂的生命乐章，而有的人却一辈子活在怨怼与卑微中呢？

因为，当我们感到自卑的时候，多会做出以下两种行为。

1. 追逐认同优越感

"征服其他人的欲望，能从更高的地位和对其他人的轻蔑中获得满足"①，即要达成一个人的征服欲，重点在于将其跟其他人间隔开的距离。

最简单的表象就是——我要赢！我是大 BOSS！这件事情是我对！应该听我的！

在工作的上下级关系中，老板喜欢能力强但又不会越级的人；在亲密关系中，我们总期待着对方爱得多一些，自己占主导地位大一点；在亲子关系中，我们想要把孩子塑造成自己想要他成为的样子——"你要乖一点哦"。

那么，这个拼命想要赢背后的原因是什么？是我们在弥补自卑感。

2. 扮演受害者

《洞察人性》一书中就举过这么一个例子，有个女患者很容易把

---

① 阿尔弗雷德·阿德勒. 洞察人性［M］.张晓晨，译.上海：上海三联书店，2016：62.

简单的事情扩大得非常夸张，然后让自己变得处于忙碌和焦虑之中，觉得自己什么都做不好、做不完，显得很努力，却没有成果，于是崩溃得不行。

而我们在生活中，有没有遇到过这样的人？我们自己又有没有这样的时刻？

如果出现在自己身上，那么你要想想，你是真的做不了，还是不想做？不想做的背后又是什么？是对责任和工作的逃避，还是不完全信任自己有能力做好？

如果是他人，你同时可以想想，在这个时间我们可以做的又是什么？我们能否做到鼓励对方，让对方有信心，相信自己，进而一点点地完成任务？又或者，我们是不是可以做到合作，共同协作完成？

更为熟悉一些的场景，还常见于亲密关系中，经常会有一方投诉：我在这段感情关系中全身心地投入、付出了如此之多，他怎么可以这么对我？我在这个关系里，感觉爱无力……

如果我们也曾在生活中觉得自己很"惨"、很"无辜"、很"受害"，不妨用抽离式的方式来还原一下当时的场景：
当时的你，做了什么？说了些什么样的话，又感受到了什么？

对方当时是怎么做的，他做了什么、说了什么？你觉得，他的感受是如何的？

当你尝试着把自己抽离出当事者的身份，去看待事件发生时候的你们，同时还原一遍当时的场景：你所做的、他所做的；你说过的、他说过的。作为一个旁观者，你的感受又是什么？

别小看这个小小的尝试，当你认真执行的时候，它能帮助你清晰地看到自己所身处事件中并没有意识到的问题。唯有身处于"非我"的位置上，才能更加了解自己，做到兼听则明。

也许，你当时的受害感，反而是内心深处对爱的更多渴望；也许，你自以为的"爱无力"，是因为你对经营好这段关系没有足够的自信。

还有一种自卑的现象，"冒充者综合征"（Impostor Syndrome）。这个案例来自我的同学，她说她总觉得自己做不好事情，哪怕有时候获得一些赞誉或认可，也觉得自己是因为运气好而并不是因为能力。

我认真地查了一下，这种"冒充者综合征"多存在于成功且承载着一定社会压力的人群。他们对自身的能力强烈地否定，甚至在迎来新任务时，会控制不了地感到怀疑自我、担忧和极度焦虑。在大多数情况下，他们会以拖延症和过度准备的方式来应对任务。有趣的是，大多数情况下，"冒充者综合征"人群常常都是成功的。

　　但他们不会因为自己的成功和被认可而感到放松，快乐也十分短暂。因为很快地，他们又会把新任务的压力加在自己身上并产生新一轮焦虑。而且他们会长期处在焦虑中，感觉自己不能胜任，怕他人发现自己是因为运气或者小聪明才能获得今天的成绩。

　　就像那个同学在我眼中，十分聪慧、优秀、能力强，但反之，她却极度不自信。

　　一般这种现象多少与成长过程挂钩，要么是在成长过程中被寄予了太多的期许；要么就是在成长过程中被一定程度地忽视。而迄今为止，心理学方面也仅仅是提供一些行为层面的指导与建议。

　　所以无论是"我要赢"的挑战感，还是无意识扮演受害者的无辜感，甚至是这种无法控制地觉得自己不够好的担心与忧虑，都来自我们内心深处的自卑。而我们这一生大部分的"痛苦"，都来源于自己无法与自己和解。

　　有什么可行性的办法呢？

　　①尝试沟通

　　我们通过与家人及友人沟通，学会聆听他人的看法以及接纳他人对自己的肯定。我们也许暂时看不到自己的优秀，但通过倾诉与沟通，相信家人会给予你自信的力量。

②通过合作

真正的领导和领袖并不是以己为王的，更多地，他/她能够通过合作与铺排来领导团队更好地前行。这个世界如此之大，我们做不到永远都是胜者。做胜者也很累，尝试合理分工，寻求帮助，与人共存，你的世界才会更大、更多彩。

③保持记录

如果别人的劝说和与人沟通不能让你架构起一定的自信。那么，从今天开始，保持记录的习惯吧。

我曾经和我的学员做过这样的试验，我要求她每天写下3个自己的优点（一周后可重复）。一开始她觉得太多了，自己找不出3个优点，而且这是一份每天都要完成的任务。于是，我把任务量降到每天写下1个优点。她仍然抱怨想不出自己的任何优点。于是，我帮她写下了5个我看到的、她身上具备并且她也不否认的优点。这就已经涵盖5天的任务了。我要求她贴在房间里，并且每天继续完成我的任务。

我并不能说这个小小的实践能给她带来多么天翻地覆的改变，但

是一个多月以后，她的房间已经贴了 3 张纸，而她在与我谈吐之时，我也能明显地感受到，她直视我的时间变长了，她的笑容也多了起来，自信也在逐步提升。

在生活中，我们如果仅仅是处在一个倍感窘迫的状态——抱怨、痛苦、焦虑、自责的话，它并不能够帮我们跳出此刻的难过状态。关键是要对症下药，看看问题在哪里，想想怎么做，并且——去做。

具备勇气，去做。

在我们达成梦想的路上，也许 90% 的时间都在失败，但正是这 10% 的不断尝试的勇气，能把我们带到梦想的那一头。

写在最后

　　我也未尝不是"拖延症"那个章节里的其中一人，这本书从 2020 年中旬开始计划，零零碎碎地动笔，现在都 2021 年了。

　　在春节前，我信誓旦旦地跟凯特小姐说，我节后交稿。结果十几年里的第一次在香港度过的春节并没有我想象的一片宁静，每天都是忙忙碌碌的。在忙碌中我无法思考，也不想动笔。

　　今天，是我入境隔离 14+7 的第 20 天。眼看就能出门放风了，而我也写完了所有计划内的章节并重阅了一稿。我们的一年，有多少 21 天? 那天下飞机后，在机场看着空空如也的凳子，我就在想。又是什么，给了我这份大无畏的勇气?

　　在写稿期间，读我还在带在身边的文学评论集。刚好今天看到日本汉学家坂井洋史先生有关写作的一个观点："总觉得著书立言还是离不开一个积极的动机，没有积极的动机，吐出来的'言'一定是苍白无力的。"于是我也在想，自己写这本书的动机到底是什么？写作于我而言，是谋生的方式吗？那一定不是。我充其量算作一个文学爱好者，按照我这种主观、随心又半吊子的写作节奏，那绝对是要过揭不开锅的日子的。

那是什么呢？我觉得，任何一个热爱书写的人，无论从个人情绪、人生经历还是主观的表达欲来看，都是在与生活的洪流抗衡。当然不是二元对立的那种抗衡，而是自己双脚站在这股激流里，感受着外界流动的压力，自己的内心同样也在澎湃着。这样的人，才会总是忍不住动笔。

我从来不会对一个在我面前号啕大哭的人说那句"没事的，一切都会好起来"。我甚至在对方情绪激烈、双肩耸动的时候，无法做到拍拍他的肩膀给他一个拥抱。因为，你不知道那个当下的你传递的行为，能带给他的意义与影响是什么。再者，我一直相信"一切，不一定会好。但是，我们依然可以过下去"。

我会告诉他，想象你所处的位置，那是你生命的重点，请放一根线，回到此刻。你会发现，这并不是一个遥远的距离。那么日后的每一天怎么过，你如何处理发生的事情，你如何改变自己对生活的态度，第一步，当然都需要具备勇气。

我们写作的人，经常被看成是身心剥离的——你的文字是这样的、你的故事塑造着那样的一个世界，这也并不代表生活中的你就是这样一个被塑造的人。

可我想做一个不被剥离的人，我写的字，就是我这个人的样子。我说我回来，那么历尽万难，我也会站在你的面前。我在逐渐的输出中，完善着自己。当然，这也是需要勇气的。被讨厌的勇气、写下去的勇气、不被理解的勇气……

加油。

2021 年 4 月 1 日于上海杨浦区复旦大学燕园宾馆

图书在版编目（CIP）数据

生活的勇气 / 金小安著 . 一北京：现代出版社，
2022.2
ISBN 978-7-5143-9310-1

Ⅰ . ①生… Ⅱ . ①金… Ⅲ . ①人生哲学－青年读物
Ⅳ . ① B821-49

中国版本图书馆 CIP 数据核字（2021）第 176253 号

生活的勇气

著　　者　金小安
责任编辑　赵海燕　王　羽
出版发行　现代出版社
通信地址　北京市安定门外安华里 504 号
邮政编码　100011
电　　话　010-64267325　64245264（传真）
网　　址　www.1980xd.com
电子邮箱　xiandai@vip.sina.com
印　　刷　北京瑞禾彩色印刷有限公司
开　　本　880mm×1230mm　1/32
印　　张　9
字　　数　174 千字
版　　次　2022 年 3 月第 1 版　2022 年 3 月第 1 次印刷
书　　号　ISBN 978-7-5143-9310-1
定　　价　49.80 元